写给孩子的
科学启蒙课

海底世界大探秘

刘鹤◎主编　麦芽文化◎绘

扫码点目录听本书

应急管理出版社

· 北京 ·

图书在版编目（CIP）数据

海底世界大探秘／刘鹤著；麦芽文化绘 . − − 北京：
应急管理出版社，2021
（写给孩子的科学启蒙课）
ISBN 978 − 7 − 5020 − 9182 − 8

Ⅰ. ①海… Ⅱ. ①刘… ②麦… Ⅲ. ①海洋生物—儿
童读物 Ⅳ. ①Q718. 53 − 49

中国版本图书馆 CIP 数据核字（2021）第 240550 号

海底世界大探秘（写给孩子的科学启蒙课）

著　　者	刘　鹤
绘　　画	麦芽文化
责任编辑	高红勤
封面设计	岳贤莹

出版发行 应急管理出版社（北京市朝阳区芍药居 35 号　100029）
电　话 010 − 84657898（总编室）　010 − 84657880（读者服务部）
网　址 www. cciph. com. cn
印　刷 德富泰（唐山）印务有限公司
经　销 全国新华书店

开　本 710mm × 1000mm$^1/_{12}$　**印张** 40　**字数** 200 千字
版　次 2022 年 9 月第 1 版　2022 年 9 月第 1 次印刷
社内编号 20211357　　　　　**定价** 128.00 元（共四册）

目 录
CONTENTS

70%

遗失的照相机

zhè tiān zhōng wǔ kē xué xué xiào yī nián jí yī bān de jiào shì li shí fēn rè nao tóng
这天中午，科学学校一年级一班的教室里十分热闹。同

xué men zhèng zài rè liè de tǎo lùn zhè ge zhōng qiū jié gāi zěn me guò tuán tuán shuō lái wǒ
学们正在热烈地讨论这个中秋节该怎么过。团团说："来我

jiā wánr wǒ gěi nǐ men zhǔn bèi hǎo chī de líng shí
家玩儿，我给你们准备好吃的零食！"

huáng dòu piě piě zuǐ shuō líng shí yǒu shén me hǎo chī de
黄豆撇撇嘴说："零食有什么好吃的。

lái wǒ jiā ba wǒ jiā de wán jù tè bié duō
来我家吧，我家的玩具特别多！"

> 来我家吧，我家的玩具特别多！

科学大揭秘

中秋节：每年的农历八月十五日是中国的传统节日中秋节，又称祭月节、拜月节、团圆节等。

农历：中国的传统历法，又称夏历、阴历等。根据月相的变化周期，农历将一年分为 24 个时间段，形成二十四节气。

> 来我家玩儿，我给你们准备好吃的零食！

^{xiǎo xiao fān zhe bǐ jì běn shuō} ^{tiān tiān dāi zài jiā li duō méi yì si} ^{zhōng qiū jié zhè}
小小翻着笔记本说："天天待在家里多没意思！中秋节这

^{tiān yuè liang tè bié yuán} ^{bù rú wǒ men zhǎo gè dì fang shǎng yuè ba} ^{wēi wei hé dīng dāng hěn zàn}
天月亮特别圆，不如我们找个地方赏月吧！"威威和叮当很赞

^{tóng} ^{duì yú tā liǎ lái shuō} ^{líng shí hé wán jù dōu bù rú tiān shàng de yuè liang gèng yǒu xī yǐn}
同。对于他俩来说，零食和玩具都不如天上的月亮更有吸引

^{lì} ^{tuán tuan hé huáng dòu yě jué de zhè ge tí yì gèng yǒu chuàng yì}
力。团团和黄豆也觉得这个提议更有创意。

"丁零零……"上课的铃声 响起，奇异博士推门走了进
来。他总是这么准时，从不提前一秒，也从不迟到一秒，就是
在铃声 响起第一声的时候推开门。为此，孩子们觉得他真的
很神奇！不过，他的神奇之处可不止于此。

他30多岁了，是一位小有名气的科学家，也是科学学校的招牌教师。无论穿T恤还是衬衫，他总是要套上一件"口袋背心"。同学们第一次见到他那怪异的服装时，都笑得趴到了桌子上。不过，当同学们知道了背心的神奇之处时，笑声变成了惊叹声。因为背心里什么都有，跟叮当猫的肚兜一样神奇。于是，同学们都叫他"奇异博士"或"阿奇哥"。

奇异博士的声音并不是十分洪亮，但总有一种吸引人的磁性。"同学们，你们知道为什么说'十五的月亮十六圆'吗？"奇异博士的科学课总是以问题开始。

jiàn méi yǒu tóng xué huí dá　　qí yì bó shì fān le fān bèi xīn zuǒ bian zuì xià pái de dì yī

见没有同学回答，奇异博士翻了翻背心左边最下排的第一

gè kǒu dai　　ná chū le sān gè xiǎo qiú　　shuō　　zhè shì yuè xiàng biàn huà mó xíng　　hóng sè xiǎo

个口袋，拿出了三个小球，说："这是月相变化模型。红色小

qiú dài biǎo tài yáng　　lán sè xiǎo qiú dài biǎo dì qiú　　bái sè xiǎo qiú dài biǎo yuè liang　　qí yì

球代表太阳，蓝色小球代表地球，白色小球代表月亮。"奇异

bó shì biān shuō biān xiàng tóng xué men yǎn shì yuè xiàng biàn huà de guī lǜ

博士边说边向同学们演示月相变化的规律。

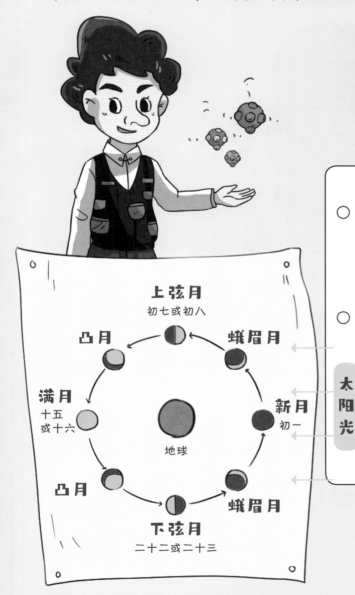

上弦月
初七或初八

凸月　　　　　蛾眉月

满月　　　　　　　　新月
十五　　　　　　　　初一
或十六

太阳光

地球

凸月　　　　　蛾眉月

下弦月
二十二或二十三

科学大揭秘

　　月相指月球盈亏圆缺变化而出现的各种形象。由于月球、地球和太阳三者相对位置的改变，从地球上看，月球便有盈亏的变化，先后出现新月、蛾眉月（上蛾眉月）、上弦月、凸月、满月、凸月、下弦月和蛾眉月（下蛾眉月）。月相更替周期平均为29.5天，即一个朔望月。

同学们发现：农历的第一天，月亮被太阳照亮的半球背向地球，因此我们看不见月亮。随着时间的推移，到农历的十五日或十六日时，月球被太阳照亮的一面面向地球，我们就能看到又大又圆的月亮了。

科学大揭秘

　　农历的初一，人们只能看到天空中一个小细月牙，这称为"新月"或"朔"。

　　农历的十五日或十六日，月球、地球和太阳三者在一条直线上。此时，月球亮面全部对着地球，人们能看到此时的月亮又大又圆，我们将这种自然现象称为"满月"或"望"。

谁能告诉我月球转到哪个位置时是新月？

奇异博士分别让同学们演示新月和望月时地球、月亮和太阳的位置。小小上台给大家演示了新月的位置，她把白球转到蓝球与红球之间，使三个球成一条直线。

请你用生活中的三个物品，分别代表太阳、地球和月亮，摆出新月和满月时三个天体的位置。

中秋节就要到了。奇异博士提议当天的科学课改到最佳赏月地点。对于他奇奇怪怪的课堂设置，同学们早已习以为常了。

中秋节我们去哪里赏月呢？

今年的最佳赏月地点在北纬30度和东经120度交汇处。

科学大揭秘

本初子午线：国际上将通过英国伦敦格林尼治天文台原址的那条经线称为0°经线，也叫本初子午线。

经度：指球面坐标系的横坐标，具体来说就是地球上一个地点离一根被称为本初子午线的南北方向走线以东或以西的度数。

纬度：指地球上重力方向的铅垂线与赤道平面的夹角。

根据科学家推测，今年的最佳赏月地点在一片海域上。奇异博士决定带同学们出海赏月。

出行当天，同学们乘坐一艘巨大的游轮前往那片海域。奇异博士把最新型的数码照相机拿出来借给孩子们。同学们轮流拍照，玩得十分开心。

科学大揭秘

照相机：一种利用光学原理成像并记录影像的设备。光通过镜头成像，把图像聚集在固定的平面上。过去的老式照相机是在胶片上成像；现在的数码照相机是把图像通过电子传感器转化成电子数据形成照片图像。

夜晚，到了赏月的时间，博士从自己临时搭建的简易实验室中走了出来。大家抬头仰望明亮的月亮，一阵海风吹过，让人感觉凉爽而舒适。玩闹了一天的同学们一边欣赏着月亮，一边吃着月饼。他们将奇异博士的照相机开启夜间模式，轮流拍照。就在此时，平静的海面上响起了一阵波动。

同学们将视线投向海面，看到一只海豚在翻腾跳跃，好像在招呼小朋友们下海陪它玩耍。团团从叮当的手里拿走相机，她要抓住这个跟海豚合影的机会。她冲到了栏杆边，将胳膊伸直，把相机尽量靠向海豚。

就在这时，意外突然发生了。调皮的海豚一跃而起，一下子咬住了相机上的带子，直接把相机叼入海中。

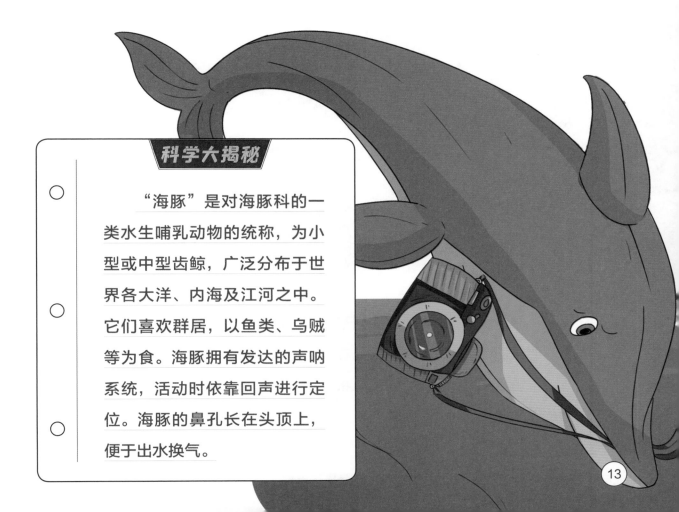

科学大揭秘

"海豚"是对海豚科的一类水生哺乳动物的统称，为小型或中型齿鲸，广泛分布于世界各大洋、内海及江河之中。它们喜欢群居，以鱼类、乌贼等为食。海豚拥有发达的声呐系统，活动时依靠回声进行定位。海豚的鼻孔长在头顶上，便于出水换气。

13

同学们吓得一阵惊呼。小小安慰团团道："这是个意外！"
大家都很失落，因为相机里还存着那么多照片。威威问："奇异博士，有什么办法能把照 相机找回来吗？"奇异博士在背心的口袋中翻找着，最终从右边第一层 中间的口袋里找到了5套特制的潜水服。孩子们穿 上了潜水服，"扑通扑通"跳进了海里。

鱼鳃潜水服。

奇异博士，您有办法吗？

科学大揭秘

　　潜水服是潜水用品，用于防止潜水时体温散失过快，造成失温，同时也能保护潜水员免受礁石或有害动植物的伤害。

　　鱼鳃是鱼的呼吸器官，能把海水过滤，获得氧气，同时排出二氧化碳，使鱼在水下正常呼吸。

huáng dòu zhòu qǐ le méi tóu hǎi zhè me dà wǒ men zěn me zhǎo a zhè shí yí
黄豆皱起了眉头："海这么大，我们怎么找啊？"这时一

gè shēng yīn xiǎng qǐ nǐ men shì yào zhǎo nà zhī diāo zhe xiàng jī de hǎi tún ma tā jiào táo
个声音响起："你们是要找那只叼着相机的海豚吗？它叫淘

táo wǎng qián yóu mǐ jiù néng jiàn dào tā tóng xué men bèi zhè qí guài de shēng yīn xià le
淘，往前游200米就能见到它。"同学们被这奇怪的声音吓了

yí tiào tā men cháo sì xià kàn kan zhǐ fā xiàn yì tiáo lián yú tiān na tā men jìng rán néng
一跳。他们朝四下看看，只发现一条镰鱼。天哪！他们竟然能

tīng dǒng yú shuō de huà
听懂鱼说的话！

海这么大，我们怎么找啊？

海豚淘淘就在前面！

科学大揭秘

镰鱼也叫角鲽鱼，属鲈形目镰鱼科的热带岩礁鱼类，生活在浅海区的礁石区附近，以海绵、海藻等有机物为食，可做观赏鱼类。

15

孩子们 向前方匆匆游去，几分钟后便找到了淘淘。

"我的照相机呢？"团团着急地问。

"哦，我拿它跟来福换了这只橡胶球。"

我拿它跟来福换了这只橡胶球！

我的照相机呢？

科学大揭秘

小丑鱼是对雀鲷科海葵鱼亚科鱼类的俗称，是一种热带咸水鱼，因脸上长有一条或两条白色条纹，好似京剧中的丑角而得名。小丑鱼与海葵有着密不可分的共生关系，因此又称海葵鱼。

黄尾副刺尾鱼：身体呈鲜艳的宝蓝色，并有明显调色盘状黑带，生活在珊瑚礁石区，以水下有机物为食，是著名观赏鱼种类，生活在水下10～40米的地方。

táo tao shuō　　lái fú shì tā de xiǎo chǒu yú péng you
淘淘说，来福是它的小丑鱼朋友。

dīng dāng jì de xiǎo chǒu yú xǐ huan zài qiǎn hǎi de shān hú jiāo
叮当记得小丑鱼喜欢在浅海的珊瑚礁

shí qū wánr　　　biàn tí yì dà jiā qù nà lǐ pèng peng yùn
石区玩儿，便提议大家去那里碰 碰运

qi　　dīng dāng fā xiàn qián shuǐ fú de shǒu wàn chù yǒu yí gè shǒu
气。叮当发现潜水服的手腕处有一个手

biǎo dà xiǎo de yuán pán　　jiù shì zhe àn le yí xià　shàngmian
表大小的圆盘，就试着按了一下，上面

jìng xiǎn shì chū yì zhāng hǎi dǐ dì tú　tóng xué men gēn suí
竟显示出一张海底地图。同学们跟随

zhe dì tú　lái dào le yí piàn shān hú qū　zhè lǐ yǒu hěn
着地图，来到了一片珊瑚区。这里有很

duō lán sè de yú　　tǐ xíng gēn xiǎo chǒu yú chà bu duō
多蓝色的鱼，体形跟小丑鱼差不多。

没有看到来福，同学们有些着急，只好分头找小鱼们问路。

"蝠鳐先生，你见到来福了吗？"

"带鱼小姐，你见到来福了吗？"

"金枪鱼妹妹，向你打听个事儿。哎呀，你别急着走呀！"

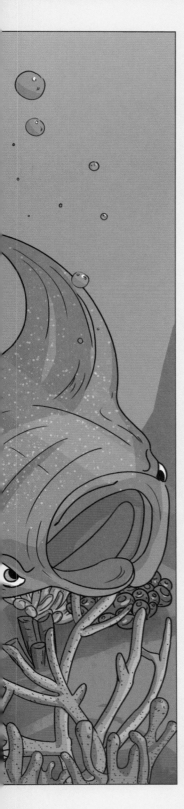

蝠鲼（fèn）又称魔鬼鱼、毯缸（hóng），以浮游甲壳类和小鱼为食，生活在离海岸较近的表水层到120米深的海域。它的个头儿大，力气也不小，发起怒来只需扇动那强有力的"双翅"，就足以拍断人的骨头，所以人们叫它"魔鬼鱼"。不过，它从不轻易生气，看起来还有些"丑萌"。

带鱼又称裙带鱼、刀鱼等，体形侧扁如带，呈银灰色，生性凶猛，以毛虾、乌贼为食。带鱼和大黄鱼、小黄鱼、乌贼并称为"中国四大海产鱼"。

金枪鱼是一族海洋鱼类的统称，包含5属15种。不同种类的金枪鱼体形差异较大，最小的不足1米，最大的超过4米。金枪鱼是游泳健将，速度快得像汽车。由于鳃肌退化，金枪鱼不得不通过游泳，让水流不断经过鳃部获得氧气。金枪鱼是名副其实的"一天到晚游泳的鱼"。

科学大揭秘

　　海葵是一种生长在水里的食肉动物。它的构造非常简单，没有中枢信息处理器官，相当于没长大脑。小动物只要靠近它，便会中毒（海葵的触手可以释放出毒素），进而被海葵吃掉。

小心！

　　眼尖的团团突然发现了一片黄色的小花儿，看起来毛茸茸的，十分好看。她把手伸出去，打算摘两朵。

　　"不要碰它！有毒！"小小赶紧制止了她。

　　这可不是什么花儿，而是一种海洋动物，叫作海葵。

海马夫妻分工明确，妈妈负责产卵，爸爸负责孵化。海马幼鱼是在海马爸爸的腹囊（育儿袋）中成长的。每年5～8月是海马的繁殖期，经过50～60天，幼鱼就会从海马爸爸的育儿袋中游出来。

海龟是海龟科、海龟属动物。海龟是杂食动物，居住在沿岸的浅滩水域，4～10月为繁殖季节，孵化期通常为45～60天。海龟会把卵产在海岸上。小海龟孵化后，会立刻爬到海里。

tóng xué men jì xù xún zhǎo lái fú　　tú zhōng yù dào le fèn lì xiàng shuǐ dǐ yóu de xiǎo hǎi guī
同学们继续寻找来福，途中遇到了奋力向水底游的小海龟
hé gēn suí mā ma xué xí bǔ shí de xiǎo hǎi mǎ　　hǎi mǎ bǎo bao men jiàn dào mò shēng de péng you hěn
和跟随妈妈学习捕食的小海马。海马宝宝们见到陌生的朋友很
hào qí
好奇。

"海马爸爸，请问你见过来福吗？"叮当问。

海马爸爸沉思道："它似乎回家了。"海马先生朝远处指了指说："他的家紧挨着海葵的家，就在不远处！"

科学大揭秘

根据科学家的测算，世界上目前已知的鱼类大概有20000多种。其中，海洋鱼类有10000多种。我国的海洋鱼类有3000多种。

同学们游啊游，终于在鱼群中找到了小丑鱼来福。它正号啕大哭呢。同学们问它照相机在哪儿，小丑鱼抽泣着说："被飞鱼抢走了！"

这可难找了，因为飞鱼会"飞"呀！

科学大揭秘

其实飞鱼并不会飞。飞鱼长相奇特，长长的胸鳍一直延伸到尾部，像鸟类的翅膀一样。它能够跃出水面十几米，在空中停留半分钟，滑行的最远距离可达 400 多米。

同学们找不到飞鱼，线索再次中断。

正在大家一筹莫展时，一条大鲸鱼从这里游过，同学们不禁吓出一身冷汗。不过，这条鲸鱼似乎没有恶意。威威壮着胆子说："先生，我们在找丢失的照相机！"没想到大鲸鱼竟然很热情，让他们坐到它的脊背上。

大鲸鱼带着同学们来到了海底的沙泥地。越往海底，光线越暗。同学们纷纷打开潜水服的探照灯，发现不远的地方躺着一条皱唇鲨。

那是什么？

它怎么了？

科学大揭秘

皱唇鲨通常生活在近海浅水区，特别是有底藻覆盖的沙泥地。它们喜欢独自生活。

25

dà jīng yú yóu de gèng kuài le　　zhǎ yǎn jiān jiù dào le zhòu chún shā miàn qián　　zhǐ jiàn zhè tiáo
大鲸鱼游得更快了，眨眼间就到了皱唇鲨面前。只见这条

zhòu chún shā de hòu bèi yǒu yí dào yòu shēn yòu cháng de shāng kǒu
皱唇鲨的后背有一道又深又长的伤口。

tiān a　　zhè shì zěn me le　　nǐ men kuài jiù jiu wǒ de péng you ba　　dà jīng yú
"天啊，这是怎么了？你们快救救我的朋友吧！"大鲸鱼

zháo jí de qǐng qiú dào
着急地请求道。

qián shuǐ fú de zuǒ cè zhuāng zhe yí gè hěn xiǎo de jí jiù yào xiāng　　xiǎo xiao gǎn jǐn cóng lǐ miàn
潜水服的左侧装着一个很小的急救药箱，小小赶紧从里面

zhǎo chū bāo zā shāng kǒu de yào pǐn
找出包扎伤口的药品。

鮟鱇（ān kāng）鱼，俗称蚧巴（jiè bā）鱼、蛤蟆鱼等，一般生活在2~500米的海底。鮟鱇鱼的头部上方有个肉状突出，形似小灯笼。"小灯笼"内的腺细胞能够分泌光素，光素在光素酶的催化作用下与水中的氧气发生反应，从而发出光亮。在深海中，"小灯笼"就成了鮟鱇鱼引诱食物的利器。

dēng long　dēng long
"灯笼，灯笼……"
zhòu chún shā mí mí hū hu de shuō
皱唇鲨迷迷糊糊地说。
zhè shì shén me yì si　　nán dào tā
这是什么意思，难道它
shòu de shāng yǔ dēng long yǒu guān
受的伤与灯笼有关？
dīng dāng zài qián shuǐ fú de
叮当在潜水服的
zhì néng shǒu biǎo shang chá yuè zhe
智能手表上查阅着，
zhǎo dào le guān yú dēng long yú de
找到了关于灯笼鱼的
xiàn suǒ
线索。

威威判断，灯笼鱼利用"小灯笼"诱骗了皱唇鲨，并在它的后背上咬了一口。大鲸鱼见好朋友并无大碍，悬着的心终于放了下来。它告诉同学们，刚刚它们在海底玩儿的时候，捡到了照相机。大鲸鱼和皱唇鲨分头寻找失主，结果大鲸鱼碰巧找到了他们。

可是，照 相机在哪儿呢？同学们一齐看向皱唇鲨。皱唇
鲨低着头说："我看灯笼鱼头上的小灯笼挺有意思，就拨弄着
玩儿，结果十几条灯笼鱼把我围住，还咬伤了我。情急之下，
照 相机被我甩了出去。"

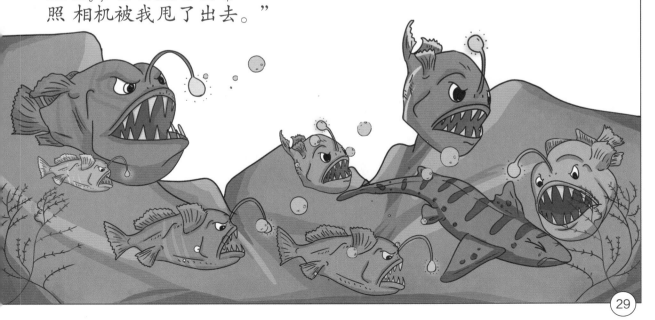

到目前为止，人类还无法到达海底的最深处。越往海底，海水的压力越大，光线也越弱。据科学家推算，在1万米深的海底，每平方厘米的水压大约为1000吨，相当于一根手指上压着3辆坦克。

科学大揭秘

根据海水深度，可将海洋分为5个水层：海洋上层（200米以上）、海洋中层（200～1000米）、海洋深层（1000～4000米）、海洋深渊层（4000～6000米）、海洋超深渊层（6000米以下）。

海洋上层：阳光穿透海水，水中比较明亮，海水呈蔚蓝色。

海洋中层：阳光不能全部透过海水，光线十分微弱，海水呈黑蓝色。

海洋深层：这里觉察不到一点儿阳光，是一个黑暗的世界。

海洋深渊层和超深渊层：这里更加漆黑，不过鱼类大都有发光器官，可以帮助它们在黑暗中觅食。

海洋超深渊层
6000米以下

海洋深
4000～

tóng xué men gǎn jǐn qián rù hǎi dǐ　　dǎ kāi tóu dǐng de tàn zhào dēng　　sōu xún zhe zhào xiàng
同学们赶紧潜入海底，打开头顶的探照灯，搜寻着照 相

jī　　huáng dòu jué de yǒu xiē chuǎn bú guò qì
机。黄豆觉得有些喘不过气。

海洋上层
200米以上

海洋中层
200～1000米

海洋深层
1000米～4000米

kàn　　nà shì shén me　　　　xiǎo xiao yí huò de wèn　　hēi àn zhōng　　yí gè hóng diǎn yì
"看，那是什么？"小小疑惑地问。黑暗中，一个红点一

shǎn yì shǎn de　　　　shì zhào xiàng jī de diàn yuán　　tuán tuan kěn dìng de shuō　yuán lái　　zhào
闪一闪的。"是照相机的电源！"团团肯定地说。原来，照

xiàng jī yì zhí chǔ yú kāi jī zhuàng tài
相机一直处于开机状态。

dà jiā gǎn jǐn xiàng guāng yuán chù yóu qù　　shuí yě bù chéng xiǎng　　yì tiáo zhāng zhe xuè pén dà
大家赶紧向光源处游去，谁也不承想，一条张着血盆大

kǒu de yú zhèng zài qiāo qiāo de kào jìn
口的鱼正在悄悄地靠近。

叮当游得最快，他抓住了照相机，开心地向同学们招手。就在大家转身往回游的时候，黑暗中突然冲出一条大白鲨。这时，潜水服发出一阵刺耳的警报声。威威和小小率先做出反应，拉着团团、黄豆和叮当快速游走。

大白鲨又名噬人鲨，是一种大型凶猛的鲨鱼。大白鲨最典型的特征要数牙齿，它的牙齿好像耙子一样，整齐地排列着，一层一层直达喉咙。大白鲨的尖牙虽然恐怖，却也是身体最容易损坏的部位。据生物学家研究，大白鲨大概半个月就会更换一次牙齿，有时还会不小心将牙齿吞进肚子里。

tóng xué men tóu yě bù huí de pīn mìng xiàng qián
同学们头也不回地拼命向前

yóu qù
游去。

qián miàn sì hū yǒu tiáo chén chuán yóu zài zuì qián miàn de wēi wei
"前面似乎有条沉船！"游在最前面的威威

jīng xǐ de shuō dà jiā cóng chén chuán de quē kǒu chù yóu jìn qù
惊喜地说，"大家从沉船的缺口处游进去。"

dà bái shā jǐn suí ér lái wú nài quē kǒu tài xiǎo tā zhǐ hǎo zhāng zhe zuǐ zī zhe
大白鲨紧随而来，无奈缺口太小，它只好张着嘴、龇着

yá biǎo dá zhe zì jǐ de fèn nù
牙，表达着自己的愤怒。

科学大揭秘

由于常年强力而迅猛的猎食和撕咬方式，大白鲨的牙齿磨损得很快，必须要靠不断换牙来提高捕食效率。大白鲨有好几排牙齿，通常前排的牙齿掉落后，后排备用的牙齿就会前移填补空缺。

无计可施的大白鲨终于离开了。同学们总算松了口气，大家倚靠在船舱里，一边休息，一边打量沉船的内部。

在探照灯的照射下，威威仔细观察起这艘船来。这艘船看起来已经有上百年的历史，这里有几个腐烂的木箱子，以及一些女士包、几把陈旧的锁，可能是行李舱。

黄豆好奇地打开木箱子，竟然发现了金灿灿的钱币！

tóng xué men lù xù fā xiàn le yì xiē táo cí shì pǐn zuàn shí shǒu shì děng tuán tuan ná qǐ le

同学们陆续发现了一些陶瓷饰品、钻石首饰等。团团拿起了

yí gè piào liang de wáng guān dài zài le tóu shang tā xīng fèn de shuō wǒ men fā cái la

一个漂亮的王冠，戴在了头上。她兴奋地说："我们发财啦！"

xiǎo xiao jiū zhèng tā zhè xiē chén zài hǎi dǐ de dōng xi dōu shì guó jiā de wǒ men kě bù

小小纠正她："这些沉在海底的东西都是国家的，我们可不

néng jù wéi jǐ yǒu

能据为已有！"

tīng le xiǎo xiao de huà　　dà jiā fàng xià
听了小小的话，大家放下
le shǒu zhōng de zhēn bǎo　　xiàn zài　　tā men děi
了手中的珍宝。现在，他们得
gǎn jǐn yóu huí chuán shang　xiàng qí yì bó shì bào
赶紧游回船上，向奇异博士报
gào tā men de xīn fā xiàn
告他们的新发现。

科学大揭秘

根据我国《文物保护法》和《水下文物保护管理条例》的有关规定，破坏水下文物，私自勘探、发掘、打捞水下文物，或者隐匿、私分、贩运、非法出售、非法出口水下文物，都要受到法律的制裁。

dà jiā shùn lì de huí dào le yóu lún shang　　tuán tuan gāng shàng chuán jiù pò bù jí dài de dǎ

大家顺利地回到了游轮上。团团刚上船就迫不及待地打

kāi zhào xiàng jī　　dàn wú lùn zěn me bǎi nòng　　tā dōu háo wú fǎn yìng

开照相机，但无论怎么摆弄，它都毫无反应。

科学大揭秘

微波是指频率在 300 兆赫 ~ 300 吉赫的电磁波。电磁波是一种能量，存在于我们的生活之中。除了光波外，还有很多如空气一样看不见的电磁波。

盗匪的阴谋

kē jì xiǎo dá rén dīng dāng jiāng zhào xiàng jī jiǎn chá
科技小达人叮当将照相机检查
le yì fān tān kāi shuāng shǒu biǎo shì wú jì kě shī
了一番，摊开双手表示无计可施。
wēi wei jiàn yì tuán tuan qù zhǎo qí yì bó shì bāng máng
威威建议团团去找奇艺博士帮忙。

qí yì bó shì zài mǎ jiǎ de kǒu dai li dīng dīng dāng dāng de fān zhǎo le yí zhèn zuì zhōng cóng
奇异博士在马甲的口袋里叮叮当当地翻找了一阵，最终从
yòu bian zuì shàng céng de kǒu dai li zhǎo chū le yí gè wēi bō lú mú yàng de dōng xi shuō míng shū
右边最上层的口袋里找出了一个微波炉模样的东西，说明书
shang xiě zhe wēi bō fù yuán yí
上写着"微波复原仪"。

团团将照相机放到了"微波复原仪"中。一两分钟后，只听"砰"的一声，从复原仪中冒出缕缕白烟。奇异博士赶紧打开机器，取出照相机。"咔嚓，咔嚓"，闪光灯连续闪烁了几次，照相机被修复啦！

同学们很开心，催促叮当赶紧将照片冲洗出来。

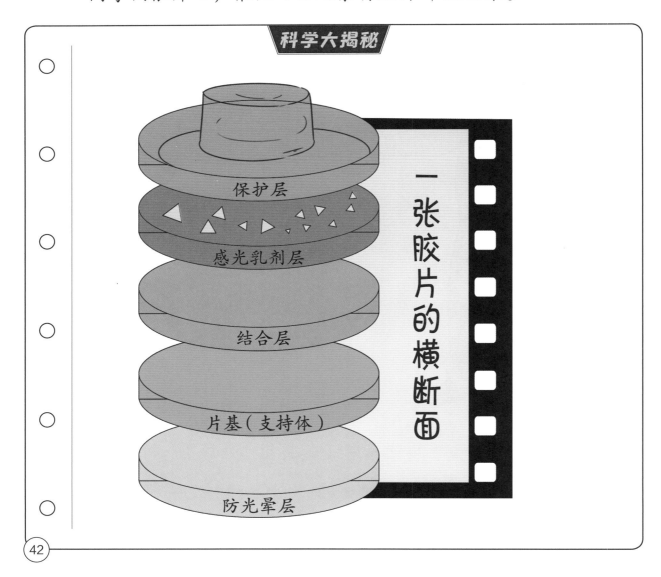

科学大揭秘

保护层
感光乳剂层
结合层
片基（支持体）
防光晕层

一张胶片的横断面

chōng xǐ zhào piàn shì yì mén jì shù huór
dīng dāng xì xīn de zhǐ dǎo zhe dà jiā　 yì zhāng
冲洗照片是一门技术活儿，叮当细心地指导着大家。一张

báo báo de jiāo piàn shang jìng rán yǒu　 gè fēn céng
薄薄的胶片上竟然有 5 个分层。

1. 潜影

当阳光透过镜头照射在胶片上时，由于有的地方接受的光照多，有的地方接受的光照少，胶片中的感光乳剂（卤化银）的曝光程度不同，这样就形成了图像。这就好像排列整齐的方框里，曝光的地方呈现出不同的颜色，就能看出图案一样。

2. 显影

用显影剂将已曝光的卤化银还原成金属银，这些黑色的金属银颗粒聚在一起，就是我们肉眼可见的影像。

3. 定影

使用定影液清洗照片，这样照片上的图像就定型了。

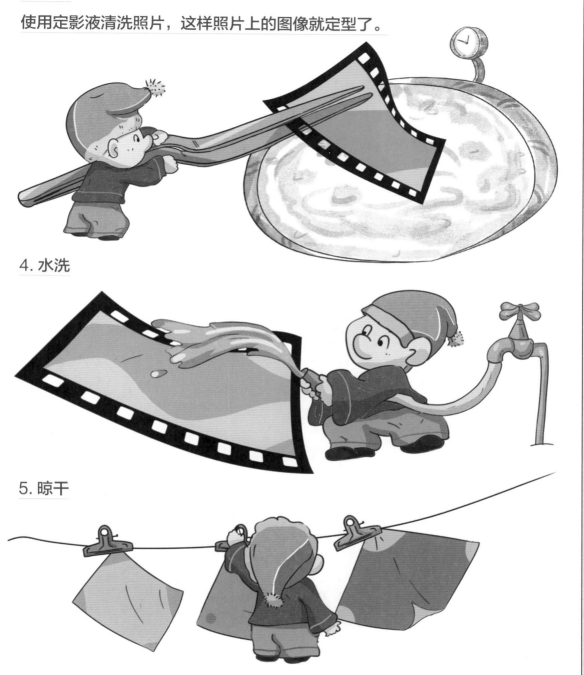

4. 水洗

5. 晾干

同学们忙活了半天，终于在晚饭后冲印好了所有的照片。小小、黄豆和团团三人兴冲冲地整理照片；威威和叮当来到甲板上，躺在凉椅上欣赏月光。就在这时，两个孩子听到了几句奇怪的对话。

一个尖嗓门说："就是他们，错不了！"

一个粗鼻音说："那宝藏……"

威威和叮当回头去看，却什么都没看到。

与此同时，细心的小小发现，有一个瘦高的身影多次出现在照片里。由于他戴着口罩，看不清面容，小小只能满腹狐疑地收起这些照片。

dì èr tiān zǎo shang　　tóng xué men qǐ de yǒu diǎn wǎn　　tā men dào zì zhù cān tīng chī zǎo cān
第二天早上，同学们起得有点晚。他们到自助餐厅吃早餐

shí　　rén yǐ jīng bù duō le
时，人已经不多了。

chī fàn qī jiān　　wēi wei zǒng yǒu yì zhǒng bèi jiān shì de gǎn jué　　hún shēn bù shū fu　　xiǎo
吃饭期间，威威总有一种被监视的感觉，浑身不舒服。小

xiao yě yǒu tóng yàng de gǎn shòu　　xiǎo xiao huán gù sì zhōu　　kàn dào jiǎo luò li yǒu yí gè shú xi de
小也有同样的感受。小小环顾四周，看到角落里有一个熟悉的

bèi yǐng　　měng rán jiān　　tā xiǎng qǐ le zuó wǎn zhěng lǐ de zhào piàn
背影。猛然间，她想起了昨晚整理的照片。

小小低声对威威说："这个人有些可疑，他似乎总是在我们的附近。"威威点了点头，默不作声。

同学们起身送餐盘的时候，那个瘦高个儿也走了过来。威威假装没拿稳，将碗里剩下的一点豆浆洒到了瘦高个儿的身上。

威威赶紧道歉。

就是这个声音，威威与叮当会意一笑。

哦，没关系！

对不起！

shòu gāo gèr de xià ba hěn jiān quán
瘦高个儿的下巴很尖，颧

gǔ lüè gāo yīng gōu bí liǎng yǎn sàn fā zhe
骨略高，鹰钩鼻，两眼散发着

yīn yù de guāng cǐ kè zhè guāng máng zhèng zhào
阴郁的光，此刻这光芒正照

shè zài liǎng gè nán háir shēn shang
射在两个男孩儿身上。

shòu gāo gèr shēn chū shǒu lái duì wēi wei shuō
瘦高个儿伸出手来，对威威说：

hěn gāo xìng rèn shi nǐ wǒ jiào jiān xì sǎng nǐ kàn zhè míng zi duō hǎo jì ò duì
"很高兴认识你！我叫尖细嗓，你看这名字多好记。哦，对

le nǐ jiào shén me míng zi
了，你叫什么名字？"

jiē xià lái wēi wei xiàng jiān xì sǎng jiè shào le tóng xué men
接下来，威威向尖细嗓介绍了同学们。

正聊天的时候，一个矮胖的男人匆忙走了进来。他粗声粗气地对尖细嗓说："老板让我们去开会，研究宝藏的事儿！"看到在场的同学们，他赶紧捂住了嘴。

尖细嗓尖着嗓音说："这是我的同伙。哦，不，是伙伴，粗鼻儿！"

威威不知道这一高一矮、一胖一瘦的两个怪人葫芦里卖的什么药，不过是狐狸总会露出尾巴的。

在古代传说中，动物在化成人形后，唯独尾巴不能变化。《封神演义》中的假神仙在醉酒后露出狐狸尾巴，令比干恍然大悟。于是，后人就用"狐狸总会露出尾巴"形容事情总会败露，真相终将大白。

^{yí pàng yí shòu liǎng gè guài rén lí kāi le} ^{tóng xué men yě huí dào le gè zì de fáng jiān}
一胖一瘦两个怪人离开了，同学们也回到了各自的房间。

^{xiǎo xiao hé tuán tuan zhù zài zǒu láng jìn tóu de fáng jiān} ^{wēi wei hé dīng dāng zhù zài zhōng jiān de fáng}
小小和团团住在走廊尽头的房间，威威和叮当住在中间的房

^{jiān} ^{huáng dòu hé qí yì bó shì zhù zài lí diàn tī kǒu zuì jìn de fáng jiān}
间，黄豆和奇异博士住在离电梯口最近的房间。

盗取国家宝藏
的团伙成员

^{jī líng de dīng dāng tōu pāi le liǎng gè guài rén de zhào piàn} ^{cǐ kè zhèng zài wǎng shang sōu xún guān}
机灵的叮当偷拍了两个怪人的照片，此刻正在网上搜寻关

^{yú tā men de xiàn suǒ} ^{yuán lái} ^{zhè yí pàng yí shòu liǎng gè guài rén shì dào qǔ guó jiā bǎo zàng de tuán}
于他们的线索。原来，这一胖一瘦两个怪人是盗取国家宝藏的团

^{huǒ chéng yuán} ^{tā men de tóu mù zhèng shì chòu míng zhāo zhù de hēi hú zi chuán zhǎng} ^{wēi wei dīng zhe zhuō}
伙成员，他们的头目正是臭名昭著的黑胡子船长。威威盯着桌

^{miàn} ^{sī suǒ zhe shì fǒu yīng gāi lì kè bào jǐng} ^{tū rán kàn dào le hǎi dǐ chén chuán de zhào piàn}
面，思索着是否应该立刻报警，突然看到了海底沉船的照片。

夜深人静，威威和叮当房间的灯依旧亮着。两个人决定先跟踪他们。叮当从前台打听到了尖细嗓和粗鼻儿的房间号。

第二天早上，威威和叮当假装散步，来到了两个盗匪的房门口。

8 点 17 分，盗匪们从房间里走了出来。

"怎么多了一个人？"威威疑惑地问。

"应该是他们的头儿，黑胡子船长！"叮当笃定地说。

两个人紧紧尾随着三个盗匪。当发现他们要潜水时，威威和叮当赶紧回房间，穿上奇异博士特制的潜水服。

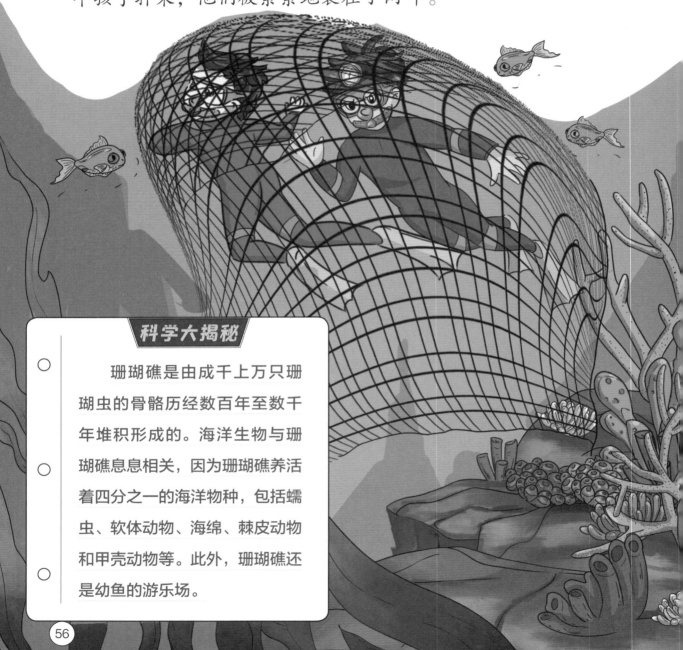

sān gè dào fěi zài qián miàn yóu　liǎng gè hái zi zài hòu miàn zhuī　sān gè dào fěi guǎi guò yí
三个盗匪在前面游，两个孩子在后面追。三个盗匪拐过一

chù shān hú jiāo　dīng dāng hé wēi wei jǐn suí qí hòu　jiù zài cǐ shí　yì zhāng dà wǎng xiàng liǎng
处珊瑚礁，叮当和威威紧随其后。就在此时，一张大网向两

gè hái zi pū lái　tā men bèi jǐn jǐn de guǒ zài le wǎng zhōng
个孩子扑来，他们被紧紧地裹在了网中。

科学大揭秘

珊瑚礁是由成千上万只珊瑚虫的骨骼历经数百年至数千年堆积形成的。海洋生物与珊瑚礁息息相关，因为珊瑚礁养活着四分之一的海洋物种，包括蠕虫、软体动物、海绵、棘皮动物和甲壳动物等。此外，珊瑚礁还是幼鱼的游乐场。

wēi wei hé dīng dāng shí fēn kǒng jù　pīn mìng zhēng zhá　wēi wei jí zhōng shēng zhì　qiāo qiāo
威威和叮当十分恐惧，拼命挣扎。威威急中生智，悄悄

àn xià le qián shuǐ fú shang de jǐn jí qiú zhù àn niǔ
按下了潜水服上的紧急求助按钮。

hā hā hā hā　bèi wǒ men zhuā zhù le ba　cū bír　xīng fèn de shuō
"哈哈哈哈，被我们抓住了吧！"粗鼻儿兴奋地说。

zěn me yàng　zhè ge
"怎么样，这个

wǎng nǐ men hái mǎn yì ma　wǒ
网你们还满意吗？我

kě shì kǔ sī míng xiǎng le sān tiān
可是苦思冥想了三天

sān yè cái xiǎng chū le zhè ge yǐn
三夜才想出了这个引

yòu nǐ men de fāng fǎ ne
诱你们的方法呢！"

yuán lái　sān gè huài jiā
原来，三个坏家

huo zhī dào chuān shàng qián shuǐ fú
伙知道穿上潜水服

jiù néng yǔ yú jiāo tán　tè yì
就能与鱼交谈，特意

yǐn liǎng gè hái zi chuān qián shuǐ fú
引两个孩子穿潜水服

chū lái
出来。

hēi hú zi chuán zhǎng mìng lìng jiān xì sǎng
黑胡子船长命令尖细嗓
hé cū bír huàn shàng liǎng gè hái zi de qián
和粗鼻儿换上两个孩子的潜
shuǐ fú kě cū bír nà pàng pàng de dù
水服，可粗鼻儿那胖胖的肚
zi zěn me yě sāi bú jìn qù hēi hú zi
子怎么也塞不进去。黑胡子
chuán zhǎng tī le tā yì jiǎo huàn shàng qián shuǐ
船长踢了他一脚，换上潜水
fú qīn zì xià shuǐ
服亲自下水。

yǔ cǐ tóng shí chuán cāng li de
与此同时，船舱里的
qí yì bó shì shōu dào le wēi wei de qiú
奇异博士收到了威威的求
jiù xìn hào yǔ xiǎo xiao yì qǐ qián qù
救信号，与小小一起前去
jiù yuán huáng dòu hé tuán tuan zài chuán cāng
救援。黄豆和团团在船舱
li jì xù gēn zōng xìn hào
里继续跟踪信号。

gēn jù dìng wèi qí yì bó shì hé xiǎo xiao hěn kuài jiù zhǎo dào le wēi wei
根据定位，奇异博士和小小很快就找到了威威
hé dīng dāng tā men cáng zài shān hú jiāo de hòu miàn shāng liang zhe jiě jiù dīng dāng
和叮当。他们藏在珊瑚礁的后面，商量着解救叮当
hé wēi wei de bàn fǎ jiù zài zhè shí qí yì bó shì de ěr biān xiǎng qǐ hēi
和威威的办法。就在这时，奇异博士的耳边响起黑
hú zi chuán zhǎng hé xiǎo chǒu yú de duì huà
胡子船长和小丑鱼的对话。

科学大揭秘

"SOS"是国际莫尔斯电码救难信号，诞生之初只是为了救援海上遇难船舶。随着时间的推移，SOS变成了一种全世界通用的求救信号。

hēi hú zi chuán zhǎng hé jiān xì sǎng yí lù dǎ tàn　zhōng yú zhǎo dào le　nà sōu chén

黑胡子船 长和尖细嗓一路打探，终于找到了那艘沉

chuán　tā men ná chū shì xiān zhǔn bèi hǎo de dài zi　bù yí huìr　jiù zhuāng mǎn le jīn bì

船。他们拿出事先准备好的袋子，不一会儿就装 满了金币。

jīn bì hěn chén　jiān xì sǎng rěn bú zhù bào yuàn dào　　　tā men yào shi xiàng shù yè yí

金币很沉，尖细嗓忍不住抱怨道："它们要是像树叶一

yàng néng piāo fú zài hǎi miàn shang jiù hǎo la

样能漂浮在海面上就好啦！"

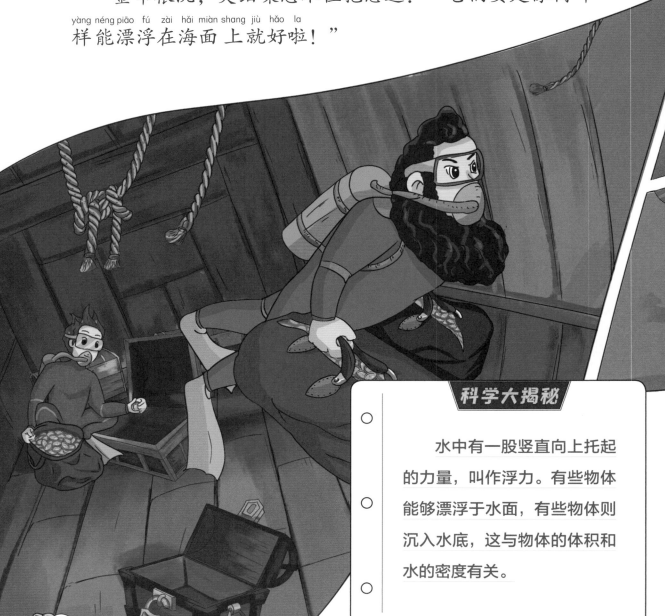

科学大揭秘

水中有一股竖直向上托起的力量，叫作浮力。有些物体能够漂浮于水面，有些物体则沉入水底，这与物体的体积和水的密度有关。

cū bír　kàn zhe liǎng gè tóng huǒ dài huí le bǎo zàng　gù bú shàng kān shǒu liǎng gè hái zi
粗鼻儿看着两个同伙带回了宝藏，顾不上看守两个孩子，

jī dòng de xiàng tā men yóu qù　chèn zhè ge kòng dāng　qí yì bó shì hé xiǎo xiao jiāng liǎng gè hái zi
激动地向他们游去。趁这个空当，奇异博士和小小将两个孩子

shēn shang de shéng suǒ jiě kāi　yì qǐ duǒ dào le jiāo shí hòu miàn
身上的绳索解开，一起躲到了礁石后面。

liǎng gè hái zi táo pǎo le　hēi hú zi chuán zhǎng dà fā léi tíng　yòu bǎ cū bír shōu shi
两个孩子逃跑了，黑胡子船长大发雷霆，又把粗鼻儿收拾

le yí dùn　rán hòu　tā men hěn kuài dài zhe xīn ài de bǎo zàng xiàng hǎi miàn yóu qù　qí yì bó
了一顿。然后，他们很快带着心爱的宝藏向海面游去。奇异博

shì hé tóng xué men jǐn suí qí hòu
士和同学们紧随其后。

bù néng ràng tā men bǎ bǎo zàng dài zǒu   qí yì bó shì   nín kuài xiǎng xiang bàn fǎ a

"不能让他们把宝藏带走，奇异博士，您快想想办法啊！"

wēi wei zháo jí de shuō   cǐ shí   ěr jī zhōng chuán lái huáng dòu de shēng yīn   qí yì bó shì

威威着急地说。此时，耳机中传来黄豆的声音："奇异博士，

dào fěi de qián jìn fāng xiàng hěn qí guài ya   tā men lí yóu lún yuè lái yuè yuǎn   dà jiā hěn kuài

盗匪的前进方向很奇怪呀，他们离游轮越来越远。"大家很快

jiù míng bai le   yuán lái dào fěi men wèi le kuài sù tuō shēn   zǎo jiù zhǔn bèi le yì sōu kuài tǐng

就明白了，原来盗匪们为了快速脱身，早就准备了一艘快艇。

这有点儿奇怪！

xiǎng zǒu　　kě méi nà me róng yì　　　bù zhī hé shí　　qí yì bó shì shǒu zhōng duō le
"想走，可没那么容易！"不知何时，奇异博士手中多了

yí gè lèi sì yú tóu yǐng yí de jī qì　　shàng miàn xiě zhe　　shèn jǐng tóu shè yí　　qí yì bó
一个类似于投影仪的机器，上面写着"蜃景投射仪"。奇异博

shì dǎ kāi jī qì zhào xiàng yuǎn fāng　　yuǎn fāng jìng rán yǐn yuē chū xiàn le yí zuò chéng shì
士打开机器照向远方，远方竟然隐约出现了一座城市。

wǒ men yào kào àn le　　　cū bír shuō
"我们要靠岸了！"粗鼻儿说。

zhè yǒu diǎnr qí guài　　hēi hú zi chuán zhǎng jǔ zhe wàng yuǎn jìng shuō
"这有点儿奇怪！"黑胡子船长举着望远镜说。

在平静的海面、江面、沙漠或雪原等地方，偶尔会看到高大的楼台、树林等幻境，这叫作"海市蜃楼"。海市蜃楼是一种因为光的折射和全反射而形成的自然现象，是地球上物体反射的光经过大气的折射后形成的虚像。

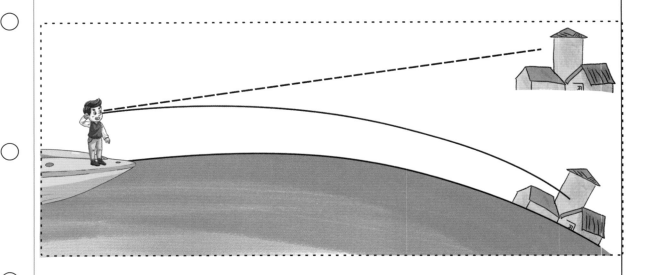

在一些古代文学作品中，曾有对"海市蜃楼"的描写，如沈括的《梦溪笔谈》、蒲松龄的《山市》等。有些地方因"海市蜃楼"而闻名，比如山东省烟台市的蓬莱阁。

古人很早就关注到"海市蜃楼"这一自然现象，认为这是仙境在人间的再现。在古代传说中，渤海里有蓬莱、方丈、瀛洲三座神山，据说秦始皇出海求药和八仙过海的故事都发生在这里。不过，西方神话中认为这种现象是魔鬼的化身。

^{hēi hú zi chuánzhǎng kàn dào qián fāng de jǐng wù bú duàn fā shēng biàn huà yí huìr shì gāo}
黑胡子船长看到前方的景物不断发生变化，一会儿是高

^{lóu yí huìr shì shā tān jiān xì sǎng hé cū bír wèi gāi zǒu nǎ biān ér zhēng lùn bù xiū}
楼，一会儿是沙滩。尖细嗓和粗鼻儿为该走哪边而争论不休，

^{zhè ràng hēi hú zi chuánzhǎng xīn fán yì luàn}
这让黑胡子船长心烦意乱。

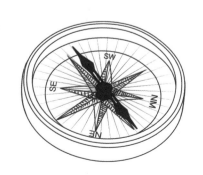

科学大揭秘

在指南针发明以前，航海家们只掌握了初级的引航技术，他们白天凭借陆地的地形和水势辨认方向，晚上则靠北斗星指引方向。指南针发明以后，航海家们即使将船开得再远，也不会迷路了。

奇异博士从马甲口袋中翻找出了一架快艇，它落到水面后，瞬间变大。奇异博士和同学们赶紧登上快艇，发动了马达。

黑胡子船长见奇异博士的快艇离他们越来越近，也顾不上辨别方向，只顾加大马力向前开。就在这时，天空阴云密布，不一会儿便刮起了海风。黑胡子船长和同学们看到了不远处的一条直立的管状气流——龙卷风。

hēi hú zi chuán zhǎng lái bu jí
黑胡子船长来不及
jiǎn sù   zhí jiē zhuàng jìn le lóng juǎn fēng
减速，直接撞进了龙卷风
zhōng   dà fēng bǎ chuán hé rén pāo de lǎo
中。大风把船和人抛得老
gāo   yòu zhòng zhòng de shuāi le xià lái
高，又重重地摔了下来。

科学大揭秘

　　龙卷风是一种气象灾害，从外形上看是直立的、空管状的旋转气流。科学家认为，雷电是龙卷风的主要诱因。现代天气预报可以通过气象观测对龙卷风进行预警。

这突如其来的变故让奇异
博士和同学们措手不及。龙卷风
还在刮着，甚至把海水吸离海
面，在空中形成了一道水柱。

科学大揭秘

龙卷风的中心风速很高，气压很低，能把海水吸吮起来形成水柱直冲云端，民间称之为"龙取水"。

qí yì bó shì lì jí diào zhuǎn fāng xiàng　　quán lì duǒ bì lóng juǎn fēng　　　　fēn zhōng zuǒ
奇异博士立即掉转方向，全力躲避龙卷风。10分钟左

yòu　　shuǐ zhù xiāo shī le　　fēng yě tíng le　　hǎi miàn yòu huī fù le píng jìng　　qí yì bó shì hé
右，水柱消失了，风也停了，海面又恢复了平静。奇异博士和

tóng xué men níng shì zhe hēi hú zi chuán zhǎng luò shuǐ de fāng xiàng　　jué dìng huí qù jiù rén
同学们凝视着黑胡子船长落水的方向，决定回去救人。

科学大揭秘

外来力量对遭受海难的船舶、货物或人员所进行的救助行为称为"海

难救助"。

奇异博士再次加速前进，并迅速从马甲第二排中间的口袋中掏出了"救助设备袋"。

叮当从袋子里找出无人机，熟练地操作着它在海面搜索目标。威威和小小抛出两个救生圈，跳入水中。黄豆虽然不情愿，但最终还是跟着威威和小小一起去救人。

科学大揭秘

　　救生圈是人们水上遇险时的一种救生工具。两三千年前，我国就出现了原始而简陋的救生圈——葫芦瓜。那时候，如果有人在水上遇险，就丢下去一个枯干的葫芦瓜，让其漂浮在水面上。

中华鲟一般长 1 米左右，最长的有四五米。中华鲟所在的"鲟鱼类"最早出现于距今 1.4 亿年前的白垩纪时期，因此它们被称为"水中大熊猫"，是我国一级重点保护野生动物。

wēi wei xiǎo xiao hé huáng dòu sān wèi tóng xué zhǎn kāi
威威、小小和黄豆三位同学展开
le hǎi dǐ yíng jiù sì chù sōu xún zhe sān gè dào fěi de shēn
了海底营救，四处搜寻着三个盗匪的身
yǐng xiǎo xiao kàn dào yì tiáo dà yú dài zhe yú bǎo bao yóu le
影。小小看到一条大鱼带着鱼宝宝游了
guò lái biàn gǎn jǐn xiàng tā dǎ ting yuán lái zhè tiáo dà yú
过来，便赶紧向它打听。原来这条大鱼
shì zhōng huá xún
是中华鲟。

没有呀！

大鱼，您见过刚刚
落水的三个人吗？

科学大揭秘

胸棘鲷又叫长寿鱼、橙鲷鱼，生活在 500 米以下的海底，寿命可达一百多岁，可谓海洋鱼类中的"老寿星"。这种鱼数量稀有，十分珍贵。

根据我百年的生活经验，他们不在这里。

sān gè hái zi jì xù xiàng hǎi dǐ yóu qù méi xiǎng dào tā men jìng rán zài cì yóu dào le
三个孩子继续向海底游去。没想到，他们竟然再次游到了

chén chuán de qū yù xiǎo xiao yì yǎn biàn rèn chū le lǎo shòu xing xiōng jí diāo
沉船的区域。小小一眼便认出了"老寿星"胸棘鲷。

yì wú suǒ huò de tóng xué men zhèng dǎ suàn lí kāi wú yì jiān tīng
一无所获的同学们正打算离开，无意间听

dào le sān zhī páng xiè de bào yuàn
到了三只螃蟹的抱怨：

shuí lái zhāi xià wǒ zhè gāi sǐ de mào zi
"谁来摘下我这该死的帽子？"

shuí lái zhāi xià wǒ zhè gāi sǐ de xié zi
"谁来摘下我这该死的鞋子？"

shuí lái zhāi xià wǒ zhè gāi sǐ de dài zi
"谁来摘下我这该死的袋子？"

同学们扭头一看，不由得哈哈大笑起来。

第一只螃蟹的身上盖着盗匪的帽子；

第二只螃蟹的身上卡着盗匪的鞋子；

第三只螃蟹的身上套着盗匪的袋子。

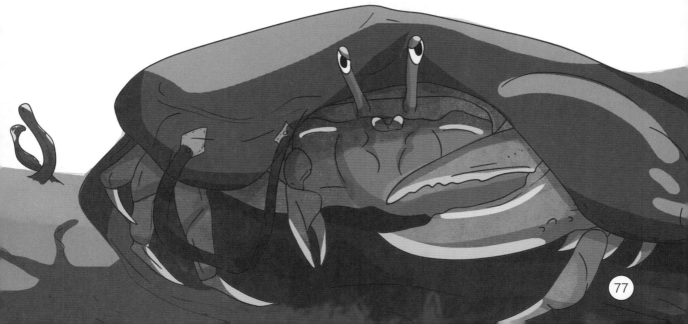

tóng xué men yì biān bāng páng xiè xiè xià shù fù　　yì biān xún wèn tā men shì fǒu kàn dào le sān
同学们一边帮 螃蟹卸下束缚，一边询问它们是否看到了三

gè luò shuǐ de dào fěi
个落水的盗匪。

dì yī zhī páng xiè shuō　　　　wǒ zài hǎi gōu nà lǐ kàn dào le yí gè dào fěi
第一只螃蟹说："我在海沟那里看到了一个盗匪！"

dì èr zhī páng xiè shuō　　　　wǒ zài hēi yān cōng nà lǐ kàn dào le yí gè dào fěi
第二只螃蟹说："我在黑烟囱那里看到了一个盗匪！"

dì sān zhī páng xiè shuō　　　　wǒ zài dà lù jià nà lǐ kàn dào le yí gè dào fěi
第三只螃蟹说："我在大陆架那里看到了一个盗匪！"

海底与陆地一样，也有高山、平原、峡谷等多种地貌。

海沟

海洋的深度不一，平均深度约 3800 米。海洋中深不见底的沟谷就是海沟。这里是地球最深的地方。

大陆架

大陆架是大陆沿岸的土地向海洋的延伸，是被海水覆盖的大陆。

黑烟囱

"黑烟囱"又叫海底热泉或热液喷口，是指海底深处的喷泉，形成原理与火山类似。不过，"黑烟囱"只是深海热液喷口的其中一种，因矿液与海水成分、温度的差异，形成了浓密的"黑烟"。"黑烟囱"的周围生存着种类丰富的海洋生物。

在小螃蟹的指引下，威威、黄豆和小小分别找到了三个盗匪。虽然他们都是游泳的高手，但遇到龙卷风也无法逃脱。三位同学赶紧将救生圈套在了三个盗匪的身上。

三位同学拖着三个盗匪，浮出水面。叮当在操控屏幕上发现了他们，奇异博士发动马达，向他们驶去。

科学大揭秘

由于空气的密度远远小于水的密度，游泳圈充气后在水中会产生浮力。浮力是向上的力量，重力是向下的力量。游泳圈向上的力量大于向下的力量，所以就漂浮起来了。

人落水后，水、泥沙等会堵塞呼吸道，引起缺氧、窒息、死亡。落水被淹后一般 4 ~ 6 分钟即会死亡。

溺水急救方法

1. 拨打 120 急救电话。

2. 将溺水者的下巴倾斜抬高，检查呼吸。

3. 给溺水者吹气 2 次。

4. 双手交叠放到溺水者的胸腔中部，手臂垂直进行有效按压。每次按压深度为成人 4 ~ 5 厘米，按压 30 次。

奇异博士和威威、叮当赶紧对三名盗匪实施抢救。

几分钟后，黑胡子船长最先清醒过来，他不停地咳嗽。

随后，尖细嗓和粗鼻儿也醒了过来。三个人互相倚靠着坐在那里，小小将热水递给他们。

奇异博士驾着快艇驶向游轮，叮当用无线电话报了警。黑胡子船长有气无力地向同学们说了声："谢谢！"

尖细嗓低垂着头，用尖细的声音说："完了，这下全完了！"

粗鼻儿则放声大哭起来。

游轮的甲板上，一队警察正等在那里。他们表扬了奇异博士和同学们。没想到奇异博士竟然害羞地红了脸。

盗匪们面对的，将是正义的审判。

地球上海洋与陆地的面积比大约是 7:3，所以人们称地球为水球。人们根据地球上陆地和海洋的分布及位置，将陆地分为七大块，海洋分为四大块。

地球是一个大水球！

大海的秘密

游轮之行后，同学们格外关注海洋。大海好像对他们施了魔法，同学们的耳边总会响起澎湃的海浪声。

zhè tiān　　qí yì bó shì xiàng tóng xué men zhǎn shì lù dì hé hǎi yáng de fēn bù tú　　tóng xué

这天，奇异博士向同学们展示陆地和海洋的分布图。同学

men fā xiàn　　hǎi yáng de miàn jī bǐ lù dì dà hěn duō

们发现，海洋的面积比陆地大很多。

趣味知识

按照面积巧记七大洲

口诀：亚非北南美，南极欧大洋（单位：万平方千米）

亚洲 4400 　非洲 3000 　北美洲 2400

南美洲 1800 　南极洲 1400 　欧洲 1000　大洋洲 900

欧洲：全称欧罗巴洲，意思是"西方日落之地"。

亚洲：全称"亚细亚洲"，意思是"东方日出之地"。

美洲：全称亚美利加洲，据说是为了纪念一位名叫"亚美利哥·韦斯普奇"的航海家。

非洲：全称"阿非利加洲"，据说这是一位女神的名字。

大洋洲：意为"大洋中的陆地"。

南极洲：因地处地球的最南端而得名。

地球上的陆地与它附近的岛屿总称为大洲。全球共分为七大洲，按其面积从大到小分别为亚洲、非洲、北美洲、南美洲、南极洲、欧洲和大洋洲。

tuán tuan dú zhe dì tú shang de zì　　yà zhōu　fēi zhōu　　zhōu　shì shén me yì si
团团读着地图上的字："亚洲，非洲……'洲'是什么意思？"

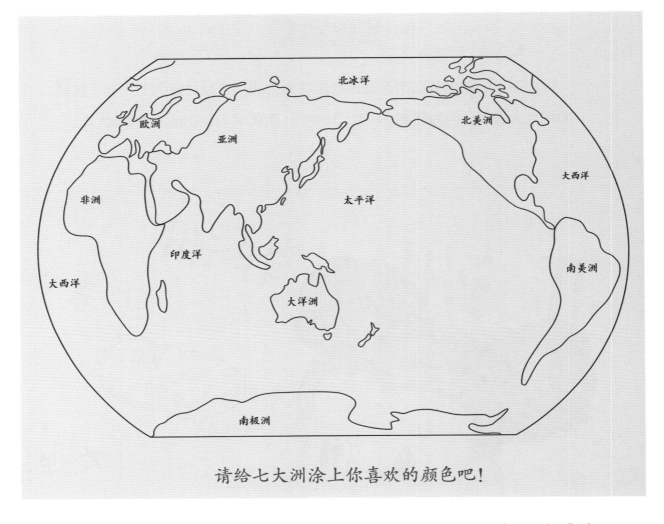

请给七大洲涂上你喜欢的颜色吧!

kē xué jiā men jiāng hǎi yáng fēn wéi sì dà kuài　tài píng yáng　dà xī yáng　yìn dù yáng
科学家们将海洋分为四大块：太平洋、大西洋、印度洋、

běi bīng yáng
北冰洋。

科学大揭秘

四大洋中，太平洋约占全球海洋面积的 49.8%，大西洋约占 26%，印度洋约占 20%，北冰洋约占 4.2%。

水汽凝结

太阳辐射

蒸发

降水

海洋——地球气候的"调节器"

海洋通过与大气的能量交换和水循环等作用，调节着气候，被称为地球气候的"调节器"。

1. 海洋是大气热量的主要供应者。

如果全球 100 米厚的表层海水降温 1 摄氏度，放出的热量就可以使全球大气增温 60 摄氏度。

2. 海洋是大气中水蒸气的主要来源。

海水蒸发时会把大量的水汽从海洋带入大气。

3. 海洋吸收了大气中 40% 的二氧化碳。

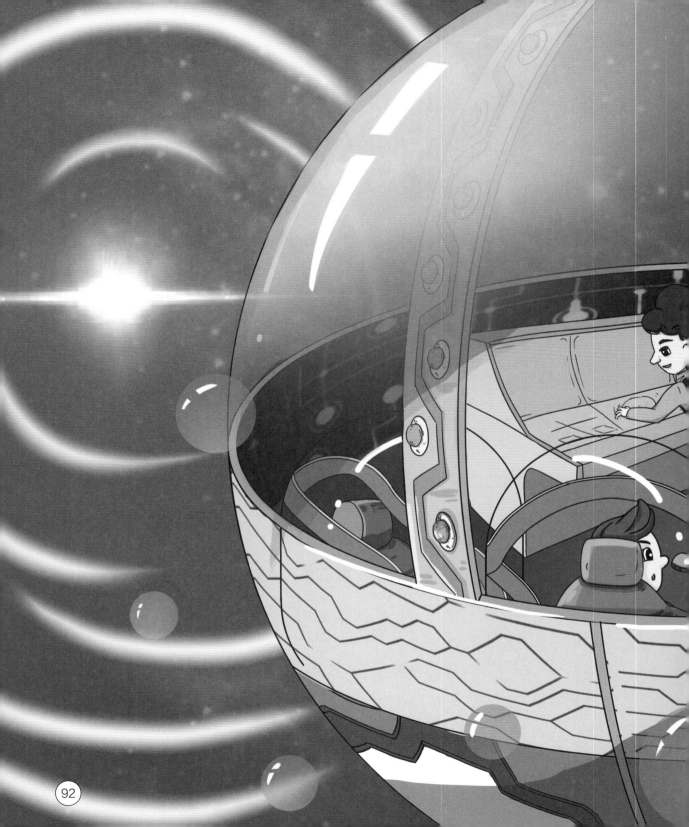

"大洲和大洋是怎么形成的呢?"喜欢思考的小小问。

奇异博士从马甲上层左边第二个口袋里,掏出一个圆溜溜的时空穿梭机。同学们按照说明书,站到了穿梭机里。

穿梭机左右摇摆了几分钟之后便停止了。为了防止意外发生,奇异博士让同学们坐进了"超级安全车",这才打开了穿梭机大门。

这里是46亿年前的地球，当时到处都是喷发的火山，熔岩流得满地都是，火山口时而窜出一些气体。地球的温度很高，尘埃密布。

同学们看到，地球上的水蒸气越积越多，慢慢升到空中变成了云。随着温度的降低，云变成雨落了下来。由于水蒸气太多了，大雨下个不停，低洼的地面上积水越来越深。

在亿万年的时间里，海水不断蒸发落下，再蒸发再落下。那时候，海水是酸的，不是咸的。海水不断地溶解陆地和岩石中的盐分，最终形成了今天"咸咸"的海洋。

海洋是生命的摇篮。地球上最早的生命物质是在海洋中萌发的。

chāo jí ān quán chē　　xíng shǐ le hěn jiǔ　　kě shì tóng xué men zài lù　tú zhōng méi yǒu kàn

"超级安全车"行驶了很久，可是同学们在路途中没有看

dào yí gè dòng wù hé yì zhū zhí wù　　zhè shì zěn me huí shì ne

到一个动物和一株植物。这是怎么回事呢？

xiǎo xiao tōng guò ān quán chē li de wú xiàn diàn zhuāng zhì wèn bó shì　　bó shì dǎ kāi shí kōng suì

小小通过安全车里的无线电装置问博士，博士打开时空隧

dào　　chāo jí ān quán chē　　lù xù kāi le jìn qù

道，"超级安全车"陆续开了进去。

人们将距今约 5.45 亿年前至 4.95 亿年前的时期称为"寒武纪"。生物群以海生无脊椎动物为主,特别是三叶虫、低等腕足类和古杯类。

shí kōng suì dào jiāng tóng xué men dài dào le　　yì
时空隧道将同学们带到了 5 亿
nián qián　　　nà shí dì qiú shang yǒu hěn duō tā men cóng méi
年前,那时地球上有很多他们从没
jiàn guo de shēng wù
见过的生物。

寒武纪

奇虾

三叶虫

软舌螺

皮卡虫

qí yì bó shì zài cì dǎ kāi shí kōng suì dào
奇异博士再次打开时空隧道，
zhè yí cì tóng xué men lái dào le kǒng lóng shì jiè
这一次，同学们来到了恐龙世界。

wēi wei zhèng zài tái tóu guān chá yì lóng tū rán tā kàn jiàn yí gè huǒ hóng de wù tǐ

威威正在抬头观察翼龙，突然，他看见一个火红的物体

yuè lái yuè jìn

越来越近。

nà shì shén me wēi wei wèn dào

"那是什么？"威威问道。

bù hǎo shì xiǎo xíng xīng tā mǎ shàng jiù yào zhuì luò dào dì qiú shang le qí

"不好，是小行星！它马上就要坠落到地球上了！"奇

yì bó shì biān shuō biān zài cì dǎ kāi shí kōng suì dào

异博士边说边再次打开时空隧道。

zài shí kōng suì dào de dà mén guān bì zhī qián tóng xué men kàn dào duō mǐ gāo de

在时空隧道的大门关闭之前，同学们看到100多米高的

hǎi làng xí juǎn lù dì sēn lín li dà huǒ sì nüè chén āi zhē bì le tài yáng kǒng lóng men

海浪席卷陆地，森林里大火肆虐，尘埃遮蔽了太阳，恐龙们

wú chù kě táo bù zhī guò le duō shao nián kǒng lóng miè jué le

无处可逃……不知过了多少年，恐龙灭绝了。

科学大揭秘

　　白垩纪是恐龙生活的最后一个时期，伴随着恐龙的灭绝，海洋和空中的许多其他种类的动物也消失了。直至今天，物种灭绝仍在持续，根据科学家统计，1600—1800 年的 200 年里，地球上的鸟类和兽类灭绝 25 种，如渡渡鸟等。1800—1950 年，地球上的鸟类和兽类灭绝 78 种，如南极狼等。因此，世界各国都在积极保护濒危物种。

见此情景，同学们默默流下了眼泪。

"看，那是什么？"奇异博士指向天空中一只会飞的恐龙，"它们是为数不多的幸存者，是我们今天鸟类的祖先。"

科学家是如何计算恐龙体重的呢?

科学家最常用的估算方法有两种。

第一种方法是根据骨骼的比例,比如根据手臂和腿部骨骼的周长推算体重。

第二种方法是三维重建法,即利用三维技术复原恐龙的样子。

时空隧道带着同学们来到了 3300 万 ～ 2400 万年前，同学们看到了一些猿。它们成群结队地生活在一起，看起来没有一点人类的模样。奇异博士说它们就是人类的祖先。

shí kōng chuān suō jī dài zhe tóng xué men
时空穿梭机带着同学们

jì xù xiàng qián xiàn zài tóng xué men kàn dào le
继续向前，现在同学们看到了

néng yòng liǎng tuǐ xíng zǒu de nán fāng gǔ yuán tā
能用两腿行走的南方古猿。他

men yǒu de zhǎng de cū zhuàng yǒu de zhǎng de
们有的长得粗壮，有的长得

shòu xiǎo zǒu qǐ lù lái yǒu xiē gōu lóu
瘦小，走起路来有些佝偻。

想一想，你认为猿和人类有哪些区别呢？

他们用了很长的时间才能像我们现在一样直立行走，又用了很长的时间学会了制造劳动工具。他们的工具大多是用石头、骨头和木头制成的。

同学们走出"超级安全车"，远远地看着原始人。他们长得和现代人一样了，头发很长，身高略矮，穿着虎皮或羊皮，生活在山洞里。洞口的男人们正在用石头将木棍的一端磨尖。

不一会儿，身后传来一阵脚步声，原来是女人们下山了。她们双手捧着刚刚采集的野果，互相说着同学们听不懂的语言。一个原始人发现了同学们，向他们走了过来，还递给他们野果吃。不过，野果的味道跟他们平时吃的水果很不一样！

转眼到了返程的时间，同学们纷纷坐上了"超级安全车"。时空隧道开启，同学们立刻回到了教室。叮当发现黄豆的衣袋里鼓鼓的。黄豆从里面掏出来几块颜色各异的石头，兴奋地说："我的时空穿梭纪念品！"原来，每到一个地方，黄豆就偷偷地捡一块石头放进衣袋里。

科学大揭秘

岩石是由天然矿物组成的固态集合体。岩石的模样不是一成不变的，在地球内外力的共同作用下，岩石会变成新的岩石。风、水等可以将岩石磨成小碎块，高温熔化和挤压会让岩石变得跟原来完全不同。地质学家将岩石分为火成岩、沉积岩和变质岩。

火成岩

火成岩是地壳内的岩浆侵入或喷出地表冷凝而成的岩石。大部分火成岩十分坚硬，比如花岗岩。

沉积岩

沉积岩是暴露在地壳表层的岩石因遭受各种外力（如风、水、热等）的破坏沉积下来，再经过复杂的成岩作用形成的。沉积岩的质地大多较软，看起来一层一层的，比如砂岩。

变质岩

原有的岩石受构造运动、岩浆活动等内力的影响，其矿物成分、结构构造发生不同程度的变化而形成的岩石，就叫"变质岩"，比如石英岩。

kuài kàn zhè shì shén me
"快看，这是什么？"

wēi wei ná zhe fàng dà jìng zǐ xì de guān
威威拿着放大镜仔细地观

chá yán shí cǐ kè tā yǒu le yí
察岩石，此刻，他有了一

gè zhòng dà fā xiàn yán shí dāng zhōng jìng
个重大发现：岩石当中竟

rán yǒu yì tiáo yú gǔ
然有一条鱼骨。

科学大揭秘

有时候，岩石会在形成过程中留下动植物的遗体，这些遗体就是化石。形成化石的一般是沉积岩。

115

科学大揭秘

1. 岩石可以作为建筑材料，比如大理岩是地板砖的材料。

2. 有一些岩石是珍贵的宝石，比如金刚石（钻石）、纯石英单晶石（水晶）。

3. 岩石中可以提炼出有用的金属，比如金、铜、铁等。

4. 有些岩石还具有较高的药用价值，比如麦饭石。

我明白了，岩石是埋藏的宝藏呀！

"岩石不仅能让我们了解地球的过去，对我们今天的生活也意义重大。"小小说。

"说得没错，小小。"奇异博士十分赞同。

"我明白了，岩石是埋藏的宝藏呀！"团团恍然大悟。

同学们迫不及待地走向奇异博士的超级实验室，他们要进一步探寻岩石的秘密。现在，同学们已然成了"石头迷"。

虽然一次实地考察就这样结束了，但奇异博士和同学们的科学探索还在继续。

1. 每个月的哪天看到的月亮又大又圆？这种现象称为什么？

2. 鱼的呼吸器官是什么？

3. 海葵如何捕食呢？

4. 在水下潜水时，发现了一个古时候的花瓶，可以据为己有吗？

5. 你能说出四大洋和七大洲吗？

6. 恐龙灭绝是在哪个时期？现在哪种动物是恐龙的后代？

7. 表面上看这就是一块普通的石头，可仔细一瞧里面却藏有鱼或虫的尸骨。这是哪种岩石呢？

写给孩子的

科学启蒙课

迷航大宇宙

刘鹤◎主编　麦芽文化◎绘

扫码点目录听本书

应急管理出版社

·北京·

图书在版编目（CIP）数据

迷航大宇宙／刘鹤著；麦芽文化绘 . − −北京：应急
管理出版社，2021
（写给孩子的科学启蒙课）
ISBN 978 − 7 − 5020 − 9182 − 8

Ⅰ.①迷… Ⅱ.①刘… ②麦… Ⅲ.①宇宙—儿童读
物 Ⅳ.①P159 − 49

中国版本图书馆 CIP 数据核字（2021）第 239217 号

迷航大宇宙（写给孩子的科学启蒙课）

著　　者	刘　鹤	
绘　　画	麦芽文化	
责任编辑	高红勤	
封面设计	岳贤莹	

出版发行 应急管理出版社（北京市朝阳区芍药居 35 号　100029）
电　　话 010 − 84657898（总编室）　010 − 84657880（读者服务部）
网　　址 www. cciph. com. cn
印　　刷 德富泰（唐山）印务有限公司
经　　销 全国新华书店

开　　本 710mm×1000mm¹/₁₂　**印张** 40　**字数** 200 千字
版　　次 2022 年 9 月第 1 版　2022 年 9 月第 1 次印刷
社内编号 20211357　　　　　　**定价** 128.00 元（共四册）

目录
CONTENTS

70%

一起来看流星雨

"陪你去看流星雨，落在这地球上……"叮当坐在写字桌前，边听音乐边浏览当日新闻。突然，一条新闻引起了他的注意：某地将于6月8日迎来狮子座流星雨。叮当认真地看了起来，越看越开心。

第二天，叮当早早地来到了科学学校，他迫不及待地要把这个好消息分享给大家。

同学们陆续来到教室，他们听说有流星雨，都很激动。上课的铃声响起，同学们赶紧坐好。奇异博士快步走了进来，声音洪亮地对大家说："同学们，这节课我们主要探讨一下流星的秘密。根据科学家推测，明天晚上将有一场持续两三个小时的流星雨！"

有的同学问："为什么会出现流星雨呢？"

奇异博士笑着回答道："流星雨是行星和彗星的碎片交互作用的结果。它是一种天文现象。"

科学大揭秘

流星雨，一般是由彗星分裂出的碎片形成的流星群体。这些流星群体受到地球引力的作用，进入地球的大气层后，与大气相互摩擦而发光，并像从一点进发出焰火，便形成了流星雨的景观。

wèi le ràng tóng xué men gèng hǎo de
为了让同学们更好地
lǐ jiě liú xīng yǔ zhè yì tiān wén xiàn
理解流星雨这一天文现
xiàng qí yì bó shì dài zhe tóng xué men
象，奇异博士带着同学们
zuò zhe xiào chē lái dào le yě wài
坐着校车来到了野外。

科学大揭秘

　　观看流星雨时要选择光污染少、空气质量好的地方。这样的地方夜晚一般能看到 100 颗以上的星星。

奇异博士似乎早有准备，从马甲兜里翻出了几张折纸。在月光的照射下，折纸瞬间变成了一个又大又圆的半透明帐篷。

叮当摆放好摄像机，他要将这一夜的绚烂景象记录下来。

快到午夜的时候，天空开始零星坠落流星，同学们欢呼起来。同学们发现，流星好像是从一个点落下来的。

科学大揭秘

从地球上看，流星好像是从夜空中的一点迸发并坠落下来的，这一点就是流星雨的辐射点。后来，天文学家便以流星雨辐射点所在天区的星座给流星雨命名，来区分不同方向的流星雨，如"狮子座"流星雨。

liú xīng yuè lái yuè duō   cóng kāi shǐ de xīng xīng diǎn diǎn biàn
流星越来越多，从开始的星星点点变

de mì jí qǐ lái
得密集起来。

天王星

科学六揭秘

太阳系的成员除了太阳、八大行星及其卫星、小行星、彗星外，在行星际空间还存在着大量的尘埃和微小的固体块，它们在接近地球时可能会在地球引力的作用下使轨道发生改变从而进入地球大气层。这些微粒与地球的相对运动速度很快，在向地球坠落的过程中会产生高温，在夜空中看起来就是一条光迹，这种现象就叫流星。流星一般发生在 80～120 千米的高空中。

qí yì bó shì gěi tóng xué men jiǎng jiě zhe liú xīng de zhī shi　　xiǎo xiao ná chū zhǐ bǐ　　rèn
奇异博士给同学们讲解着流星的知识，小小拿出纸笔，认

zhēn de jì lù xià lái
真地记录下来。

zhè me shuō lái　　tài yáng xì zhōng de xīng tǐ hái tǐng duō de ya　　wēi wei wèn
"这么说来，太阳系中的星体还挺多的呀！"威威问。

dí què　　tài yáng xì shì yí gè dà jiā zú　　xiōng dì jiě mèi hěn duō
的确，太阳系是一个大家族，兄弟姐妹很多。

☆ **什么是恒星?**

恒星主要是由氢、氦和微量的较重元素(发光等离子体)构成的巨型天体。太阳是离地球最近的恒星。夜空中肉眼可见的恒星,几乎都处于银河系内。

恒星

行星

矮行星

☆ **什么是行星?**

行星通常是指自身不发光,环绕着恒星运转的天体。其公转方向常与所绕恒星的自转方向相同。

☆ **什么是卫星?**

卫星是围绕一颗行星按闭合轨道做周期性运行的天体。人造卫星一般也可称为卫星。

人造卫星

☆ **什么是矮行星?**

矮行星也称"侏儒行星",体积介于行星和小行星之间,围绕恒星运转。

☆ **什么是彗星?**

彗星是指进入太阳系内围绕太阳运动,但随着与太阳距离的变化,亮度和形状都会变化的天体。它的外形像云雾。

huáng dòu wàng zhe mǎn tiān de liú xīng　wèn dào　　　zhè me
黄豆望着满天的流星，问道："这么
duō de liú xīng　huì luò dào nǎ lǐ ne　huà yīn gāng luò　zhǐ
多的流星，会落到哪里呢？"话音刚落，只
tīng　hōng　de yì shēng　qián fāng piāo fú qǐ chén āi　　shì
听"轰"的一声，前方飘浮起尘埃。"是
yǔn shí　wǒ men kuài qù kàn kan　　　qí yì bó shì xùn sù zuò
陨石，我们快去看看！"奇异博士迅速做
chū fǎn yìng　tóng xué men dà bù liú xīng de xiàng nà lǐ zǒu qù
出反应！同学们大步流星地向那里走去。

科学大揭秘

大部分流星是非常小的。流星体会在大气层内被销毁，不会落到地球的表面。能够撞击到地球表面的碎片称为陨石。

13

tóng xué men kàn dào dì miàn shang yǒu yí kuài tū qǐ de shí tou   zhí jìng dà yuē yǒu bàn mǐ
同学们看到地面上有一块凸起的石头，直径大约有半米。

qí yì bó shì xīng fèn de cóng bèi xīn zuǒ cè zuì shàng bian de kǒu dai li tāo chū le yí gè cè shì yí
奇异博士兴奋地从背心左侧最上边的口袋里掏出了一个测试仪。

科学大揭秘

陨石也称"陨星"，有的是地球以外脱离原有运行轨道的流星或尘埃碎块，有的是其他行星表面未燃尽的石质、铁质或二者的混合物质。

"宇宙可真奇妙！"黄豆抬头望着接近尾声的流星雨说道。"如果能去宇宙看看就好啦！"叮当也附和着。奇异博士想了想，觉得是时候带同学们参观太阳系啦！

奇异博士叮叮当当地在口袋里翻找一阵后，拿出了一架新式航天飞机。同学们眼看着它变得越来越大。

科学大揭秘

　　航天飞机是一种往返于近地轨道和地面间的、可重复使用的运载工具。它既能像运载火箭那样垂直起飞，又能像飞机一样着陆。

tóng xué men pò bù jí dài de pǎo jìn háng tiān fēi jī　tóng xué men　jì hǎo ān quán
同学们迫不及待地跑进航天飞机。"同学们，系好安全

dài　wǒ men mǎ shàng jiù yào qǐ fēi la　　　　qǐ fēi　zhǎ
带，我们马上就要起飞啦！""5，4，3，2，1，起飞！"眨

yǎn jiān　tóng xué men jiù fēi lí le dì miàn　chōng chū dà qì céng
眼间，同学们就飞离了地面，冲出大气层。

qí yì bó shì shuō　　　gǔ rén xǐ huan yǎng tóu kàn xīng
奇异博士说："古人喜欢仰头看星

xing　tā men fā xiàn dà duō shù xīng xing huì yí dòng　dàn yě yǒu
星，他们发现大多数星星会移动，但也有

shǎo shù xīng xing shǐ zhōng tíng liú zài tóng yí wèi zhì
少数星星始终停留在同一位置。"

jiē xià lái qí yì bó shì pāo chū le jǐ gè yǒu qù de wèn tí
接下来，奇异博士抛出了几个有趣的问题。

考考你

　　根据材料，说出它是哪颗行星。

　　材料一：有一颗行星，它距离太阳最近，古人称之为"辰星"。

　　材料二：有一颗行星，它光彩夺目，是全天空最亮的星，古人称之为"太白星""启明星"或"长庚星"。没错，就是西游记里的那个"太白……"

见同学们回答得不错，奇异博士又问："除了'五星'之外，太阳系还有哪些行星呢？"

同学们一起答道："天王星和海王星。"

奇异博士十分满意地点着头。

小小拿出笔记本画出太阳系的各个恒星。"它们之间的距离不远啊，但怎么这么久还没到呢？"她疑惑地问。

"很遥远的，"奇异博士赶紧纠正道，"远到无法用'米'来衡量呢！"

科学大揭秘

在日常生活中，我们常用的长度度量单位有厘米、米、千米等。但如果用这些单位测量两个天体之间的距离，那就很不方便了，因为天体之间的距离实在是太远了。为此，科学家创造了"光年"这个单位。"1光年"就是一年的时间内光沿着直线走过的距离。

下面，就是同学们的计算结果。

光在 1 秒内行进的距离将近 30 万千米。1 光年约等于 9.46 万亿千米。

同学们惊讶得瞪大了眼睛。

"人走路的平均速度是 1.1 米 / 秒，如果按照这个速度计算，走完 1 光年大概需要 2 亿 7 千年。"奇异博士认真地说。

地球到银河系中心：2.6 万光年

地球到天狼星：8.6 光年

地球到火星：12.7 光分

地球到太阳：8.3 光分

地球到月球：1.3 光秒

22

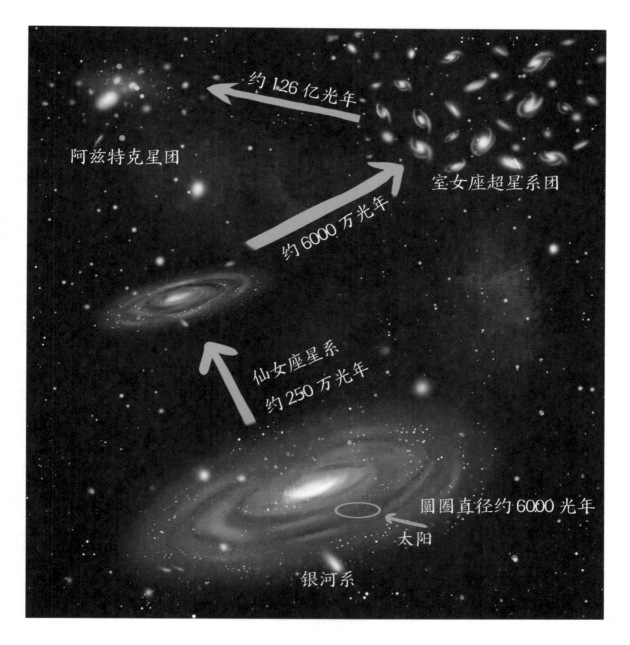

约 126 亿光年

阿兹特克星团

室女座超星系团

约 6000 万光年

仙女座星系
约 250 万光年

圆圈直径约 6000 光年

太阳

银河系

guāng nián chà bu duō cái néng zǒu chū tài yáng xì
1 光年差不多才能走出太阳系。rú guǒ xiǎng yào qù jù lí tài yáng zuì jìn de如果想要去距离太阳最近的

héng xīng   bǐ lín xīng   zhì shǎo yào   guāng nián   yín hé xì zhōng   gè gè héng xīng zhī jiān de
恒星——比邻星，至少要 4.2 光年。银河系中，各个恒星之间的

píng jūn jù lí dōu yǒu shù guāng nián   ér yào qù yín hé xì zhī wài   nà jù lí jiù gèng yuǎn le
平均距离都有数光年。而要去银河系之外，那距离就更远了。

一会儿太阳系，一会儿银河系，黄豆听迷糊了。再说，抬头仰望星空，密密麻麻的都是星星，谁能分得清啊！

奇异博士似乎看出了黄豆的困惑，说道："科学家发明了很多探索宇宙的工具呢，比如天文望远镜、运载火箭和航天器等。"

科学大揭秘

天体系统有不同的级别，从低到高的级别依次为地月系、太阳系、银河系和总星系。

rén lèi zì dàn shēng yǐ lái　　duì yǔ zhòu de tàn suǒ jiù cóng wèi jiàn duàn　　tiān wén xué shì

"人类自诞生以来，对宇宙的探索就从未间断。天文学是

zuì gǔ lǎo de xué kē zhī yī　　yán jiū tiān wén xué de kē xué jiā bú shèng méi jǔ　　　qí yì bó

最古老的学科之一，研究天文学的科学家不胜枚举。"奇异博

shì huà yīn gāng luò　　jǐ zhāng zhào piàn jiù fú xiàn le chū lái

士话音刚落，几张 照片就浮现了出来。

姓名：郭守敬（1231—1316 年）

年代：元代

贡献：创制《授时历》

拓展：1970 年，国际天文学会将月球上

的一座环形山命名为"郭守敬环形山"。

1977 年，国际小行星中心将小行星 2012

命名为"郭守敬小行星"。

1977 年，中科院国家天文台将 LAMOST

望远镜命名为"郭守敬天文望远镜"。

《授时历》

　　1. 计算出地球绕太阳公转一周的时间，比实际时间仅差25.92秒，与现代世界通用的公历完全相同。

　　2. 计算出月球绕行地球的速度。测定出冬至和夏至的准确时间。

guō shǒu jìng
"郭守敬！" 同学们认出了这位元代的天文学家。他可不
jiǎn dān　　zài tiān wén　　lì fǎ　　shuǐ lì hé shù xué děng fāng miàn dōu qǔ dé le zhuó yuè chéng jiù
简单，在天文、历法、水利和数学等方面都取得了卓越成就。

科学大揭秘

　　《授时历》是元世祖忽必烈封赐的名字，是我国古代使用时间最长、最为精密的一部历法。这部历法饱含郭守敬、许衡和王恂等多位天文学家的心血。

27

zhōng huá mín zú zì gǔ yǐ lái jiù yǐ nóng gēng wéi zhǔ　　ér nóng gēng shòu jì jié hé tiān qì

"中华民族自古以来就以农耕为主，而农耕受季节和天气

de yǐng xiǎng jiào dà　　yīn cǐ wǒ men tiān wén xué jiā jiù yào chuàng zhì lì fǎ ràng rén men zhī dào

的影响较大，因此我们天文学家就要创制历法，让人们知道，

shén me shí hou gāi zuò shén me nóng shì　　zhào piàn shang de guō shǒu jìng jìng rán kāi kǒu shuō huà la

什么时候该做什么农事。"照片上的郭守敬竟然开口说话啦。

科学大揭秘

历法是用年、月、日计算时间的方法，主要分为阳历、阴历和阴阳历三类。我国有关历法的记载最早见于甲骨文中，当时的历法叫作"殷历"。

guō shǒu jìng jiē zhe xiàng tóng xué men jiè shào wǒ guó gǔ dài de lì fǎ yǒu hěn duō bǐ
郭守敬接着向同学们介绍："我国古代的历法有很多，比

jiào zhù míng de yǒu tài chū lì dà míng lì wù yín yuán lì dāng rán la wǒ
较著名的有《太初历》《大明历》《戊寅元历》。当然啦，我

zhǔ chí biān xiě de lì fǎ shòu shí lì yě dé dào le shì jiè gè guó de rèn kě
主持编写的历法《授时历》也得到了世界各国的认可。"

科学大揭秘

★《太初历》是我国历史上第一部比较完整的历法，由汉武帝时落下闳、邓平等人创制。汉成帝末年，刘歆又对其重新编写，改名为《三统历》，并第一次把二十四节气编入历法。

☾《大明历》由南北朝时期的祖冲之创制，是一部先进的历法。其采用的朔望月长度为 29.5309 日，这和利用现代天文手段测得的朔望月长度相差不到 1 秒钟。

🪐《戊寅元历》由唐朝初年的傅仁钧和崔善为创制，是我国历史上第一部在全国颁行、采用定朔的历法。

guō shǒu jìng xiàng tóng xué men jiè shào le　　yì zhǒng gǔ rén　jì suàn nián yuè rì shí de fāng fǎ
郭守敬向同学们介绍了一种古人计算年月日时的方法。

科学大揭秘

在相当长的历史时期内，我们的祖先采用"干支纪法"计算年、月、日。天干地支相当于树干和树叶，它们相互配合，形成了六十年为一个循环的纪年方法。

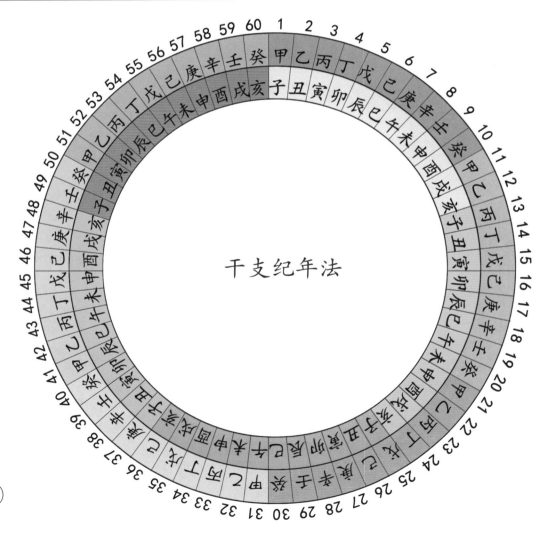

干支纪年法

^{xù hào wéi jī shù de tiān gān yǔ xù hào wéi jī shù de dì zhī zǔ hé　xù hào wéi ǒu shù}

序号为奇数的天干与序号为奇数的地支组合，序号为偶数

^{de tiān gān yǔ xù hào wéi ǒu shù de dì zhī zǔ hé　zhè yàng yì lái　jiù yǒu　gè zǔ hé}

的天干与序号为偶数的地支组合。这样一来，就有 60 个组合，

^{chēng wéi yí gè huā jiǎ}

称为一个花甲。

十天干

1	2	3	4	5	6	7	8	9	10
甲	乙	丙	丁	戊	己	庚	辛	壬	癸

十二地支

1	2	3	4	5	6	7	8	9	10	11	12
子	丑	寅	卯	辰	巳	午	未	申	酉	戌	亥

天干地支对照表

考考你："花甲之年"是指多大年纪？

31

小小恍然大悟，"我国近代历史上的好多事件都是以这种方式命名的，比如辛酉政变（1861年）、甲午战争（1894年）、庚子赔款（1900年）、《辛丑条约》（1901年）"。

《辛丑条约》（1901年）

庚子赔款（1900）

甲午战争（1894年）

辛酉政变（1861年）

考考你：
2021年是"天干地支纪年法"的哪一年呢？

科学大揭秘

○ 天干地支纪年法是如何计算的呢？

天干算法：用公元纪年数减3，除以10（不管商数）所得余数，就是天干所对应的位数。

○ 地支算法：用公元纪年数减3，除以12（不管商数）所得余数，就是地支所对应的位数。

^{gǔ rén hái yòng zhè zhǒng fāng fǎ jì lù měi tiān de shí jiān} ^{tā men jiāng yì tiān fēn chéng}
古人还用这种方法记录每天的时间。他们将一天分成12

^{gè shí chen fēn bié yǐ shí èr dì zhī mìng míng měi gè shí chen wéi liǎng gè xiǎo shí chuán shuō}
个时辰，分别以十二地支命名，每个时辰为两个小时。传说，

^{shí chen shì gēn jù shí èr shēng xiào zhōng dòng wù de chū mò shí jiān mìng míng de}
时辰是根据十二生肖中动物的出没时间命名的。

考考你：午时是几点到几点呢？正午是几点呢？

科学大揭秘

　　一天的十二个时辰分别是：子时、丑时、寅时、卯时、辰时、巳时、午时、未时、申时、酉时、戌时和亥时。子时为半夜11点到次日凌晨1点，丑时为凌晨1点到凌晨3点，以此类推。

郭守敬告诉大家，国外也有很多优秀的天文学家。

古希腊的泰勒斯

泰勒斯对太阳的直径进行了测量和计算，与当今所测得的太阳直径相差很小。通过对日月星辰的观察和研究，他确定了三百六十五天为一年。他还正确地解释了日食的原因，并成功预测了一次日食。

意大利的伽利略·伽利雷

他使用望远镜确认了金星的位置，发现了木星的四颗最大的卫星。伽利略提倡"日心说"，与托勒密的"地心说"对立，曾因此被软禁了起来。

德国的约翰尼斯·开普勒

rén men rèn wéi kāi pǔ lè shì tiān kōng lì fǎ zhě yīn wèi tā fā xiàn le xíng xīng yùn
　　人们认为开普勒是"天空立法者"，因为他发现了行星运
dòng de sān dà dìng lù guǐ dào dìng lù miàn jī dìng lù hé zhōu qī dìng lù
动的三大定律：轨道定律、面积定律和周期定律。

美国的爱德文·哈勃

hǎ bó bèi chēng wéi xīng xì tiān wén xué zhī fù tā fā xiàn le dà duō shù xīng xì dōu cún zài
哈勃被称为"星系天文学之父",他发现了大多数星系都存在
hóng yí de xiàn xiàng jiàn lì le hǎ bó dìng lǜ bèi rèn wéi shì yǔ zhòu péng zhàng de yǒu lì zhèng jù
红移的现象,建立了哈勃定律,被认为是宇宙膨胀的有力证据。

我国自古以来就十分重视天文学的发展，政府还设置了专门的机构和官职。虽然不同朝代的机构和官职的名称不同，但大抵负责观测天象、制定历法和报时等事务。

观星台

以盛世唐朝为例，唐朝的天文机构是太史局，当时有各种天文工作人员1000多人。此外，太史局还承担着培养天文学专业学生的职责。学生们跟着博士学习古今中外的天文学和数学知识，辅助科研人员进行试验、观察和记录。学习到一定的年限或取得一定成绩的学生，就可以留在太史局工作啦！

天文机构也负责观测仪器的研发和制作。

日晷

漏刻

浑仪

同学们听得入了迷。也不知过了多久，郭守敬说："刚刚
我已经绘制完成了几个星座的草图，现在我该回去了。"说
完，屏幕上的所有图像都消失了。

tóng xué men tòu guò chuāng hu kàn xiàng sì zhōu　　máng máng yǔ zhòu zhōng xīng xīng diǎn diǎn　xiǎo xiao
同学们透过窗户看向四周，茫茫宇宙中星星点点。小小

xīn xiǎng　zhōng yǒu yì tiān　　yǔ zhòu de nà xiē mì mì huì bèi yí dài yòu yí dài de tiān wén xué zhě
心想：终有一天，宇宙的那些秘密会被一代又一代的天文学者

jiē kāi
揭开。

与天文有关的成语有：如日中天、斗转星移、青天
白日、寥若晨星、大步流星等。

想一想：你还知道哪些与天文或气象有关的成语呢？

在太空中遨游的感觉十分美妙，尽管同学们恋恋不舍，但也必须返回地球了，因为长时间待在太空中会影响身体健康。

科学大揭秘

　　人类之所以能在地球上生存，是因为地球上有厚重的大气层和稳定的磁场，它们是人类的保护伞。而太空中存在伽马射线、高能质子和宇宙射线等太空辐射，极易对人体造成危害。

奇异博士将飞船掉头，按照原轨道返回地球。起初，一切正常。但几分钟后，突然遇到了大片小行星。奇异博士发给同学们每人一个像电脑一样的控制器，可操控炮弹击碎航道上的小行星。奇异博士驾驶着飞船左突右冲，躲避着这些大小不一的石头。

星际迷航

43

十几分钟后，奇异博士和同学们终于突出重围。大家刚喘了口气，突然听到系统报警："您已偏离轨道，请重新定位！您已偏离轨道，请重新定位！"无论奇异博士在键盘上如何敲击，系统都用冰冷的声音反馈："错误！错误！"

"系统发生了故障，我们迷路了！"奇异博士郁闷地说。

在宇宙中迷路是一件很可怕的事，大家陷入了短暂的混乱。

这时，望着宇宙思索的奇异博士突然指了指五颗比较亮的星说：

"看，那是什么？"

奇异博士让大家拿出笔，发挥想象力，将五颗星连在一起。

爱画画的团团将五颗星连成了一只活蹦乱跳的小羊，奇异博士赞赏道："没错，这就是白羊座！"

科学大揭秘

古希腊人为了方便在航海时辨别方位与观测天象，发挥想象力，将散布在天空中的星星连起来，这就形成了十二星座。

金牛座

白羊座

狮子座

处女座

射手座

摩羯座

46

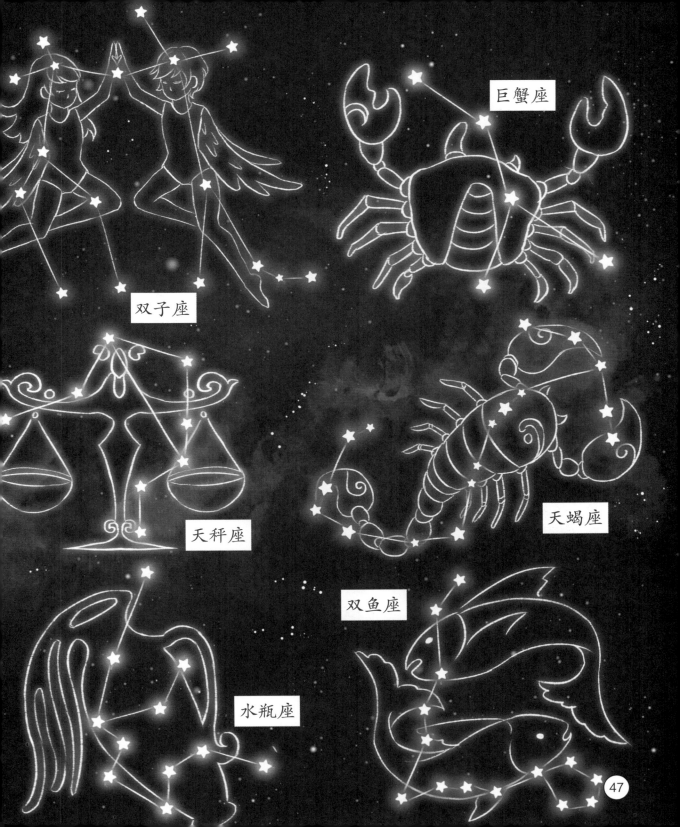

巨蟹座

双子座

天秤座

天蝎座

双鱼座

水瓶座

hěn duō rén zhī dào xī fāng de shí èr xīng zuò　　què bù zhī dào wǒ guó gǔ dài yě yǒu xīng

"很多人知道西方的十二星座，却不知道我国古代也有星

zuò　　qí yì bó shì duì tóng xué men shuō　　gǔ rén jiāng xīng kōng fēn chéng ruò gān gè qū yù　zhè

座。"奇异博士对同学们说。古人将星空分成若干个区域，这

xiē qū yù zhōng de héng xīng zǔ hé jiào zuò xīng guān　　tā men huà fēn chū sān yuán èr shí bā xiù gòng

些区域中的恒星组合叫作星官。他们划分出三垣二十八宿共31

gè jiào dà de xīng guān　　xià tú wéi xīng guān tú

个较大的星官。（下图为星官图）

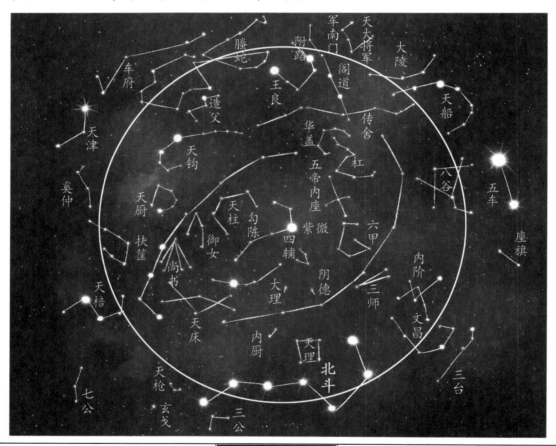

科学大揭秘

　　星座是人类早期确定方位的重要手段，对星座的划分完全是人为的，不同的文明对其划分和命名均不相同。1930年，国际天文学联合会将天空分为88个正式星座。

èr shí bā xiù shì huáng dào fù jìn èr shí bā zǔ xīng xiàng de zǒng chēng fēn wéi dōng nán
二十八宿是黄道附近二十八组星象的总称，分为东、南、

xī běi sì gè fāng xiàng jí wéi sì xiàng dōng fāng qīng lóng nán fāng zhū què xī fāng
西、北四个方向，即为"四象"：东方青龙，南方朱雀，西方

bái hǔ běi fāng xuán wǔ měi gè fāng xiàng gè yǒu qī xiù jí yǒu qī gè héng xīng zǔ hé
白虎，北方玄武。每个方向各有七宿，即有七个恒星组合。

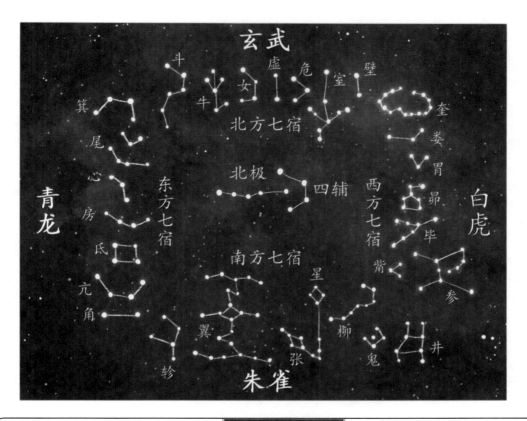

xiàn zài　　　wǒ men jiù zài zhè xiē xīng xing de zhǐ yǐn xià　　chóng xīn què dìng fāng xiàng　　　　qí yì bó

"现在，我们就在这些星星的指引下，重新确定方向！"奇异博

shì shǒu xiān sōu suǒ dào le dà xióng xīng zuò　　rán hòu ná chū zhǐ bǐ biān xiě biān shuō　　shǒu xiān yào zhǎo dào běi

士首先搜索到了大熊星座，然后拿出纸笔边写边说："首先要找到北！"

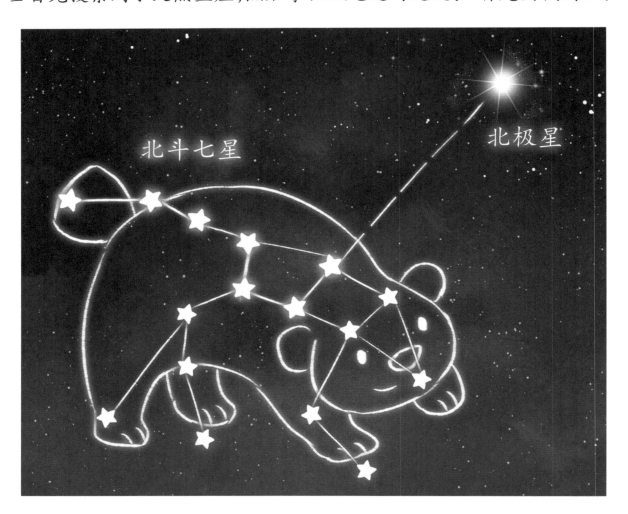

科学大揭秘

利用北斗七星可以轻松地找出北极星的位置。

具体方法：将北斗七星中勺口外侧的两颗星相连，向外延长约 5 倍的

距离，能看到一颗闪耀的星，它就是北极星。

奇异博士的手指在操纵键盘上飞快地移动着。过了一会儿，系统重新启动并报告："您已定位地球，是否现在出发？"同学们发出一阵欢呼。

^{xiàn zài} ^{tóng xué men fàng sōng xián liáo qǐ lái} ^{tā men jīn tiān de huà tí shì}
现在，同学们放松闲聊起来。他们今天的话题是：

你知道自己的星座吗？
^{xī fāng jiāng} ^{gè xīng zuò duì yìng} ^{gè yuè fèn chū shēng de rén} ^{hái fā míng le}
西方将12个星座对应12个月份出生的人，还发明了
^{xīng pán}
星盘。

yǔ xī fāng bù tóng zhōng guó de èr shí bā xīng xiù
与西方不同，中国的二十八星宿

zé shèn tòu dào wén huà de gè gè fāng miàn
则渗透到文化的各个方面。

zài xī yóu jì zhōng mǎo rì xīng guān jiù shì
在《西游记》中，昴日星官就是

xīng zuò mǎo rì jī
星座"昴日鸡"。

启明星

hěn duō wén
很多文

xué zuò pǐn zhōng
学作品中

chū xiàn de tài bái
出现的太白

jīn xīng jiù shì
金星，就是

qǐ míng xīng
"启明星"。

科学大揭秘

　　"启明星"是金星的古称。古时候，人们发现天亮前后，东方地平线上总有一颗特别亮的星，人们称之为"启明星"。黄昏时分，西方余晖中总有一颗非常亮的星，人们称之为"长庚星"。其实这两颗星是同一颗星，都是金星。在古希腊和古罗马的神话中，她是女神"维纳斯"。

bù yí huìr　　dì qiú biàn yǐn yuē kě jiàn　　tóng xué men kàn dào dì qiú de zhōu wéi huán rào
不一会儿，地球便隐约可见。同学们看到地球的周围环绕

zhe yì xiē xiàng fēi chuán yí yàng de rén zào wèi xīng　　tā men gēn zhe dì qiú yì qǐ zhuàn dòng
着一些像飞船一样的人造卫星，它们跟着地球一起转动。

科学大揭秘

人造卫星是环绕地球飞行的无人航天器。人造卫星的数量很多，用途广泛，与我们的生活息息相关。比如，气象卫星能够收集气象信息，直播卫星使我们能够实时收听或收看电视或广播节目。

突然，一个声音从播报器中 传来："我是宇宙空间站的航天员，你们从哪里来？"奇异博士和同学们十分惊喜，他们遇到了在宇宙空间站工作的航天员。

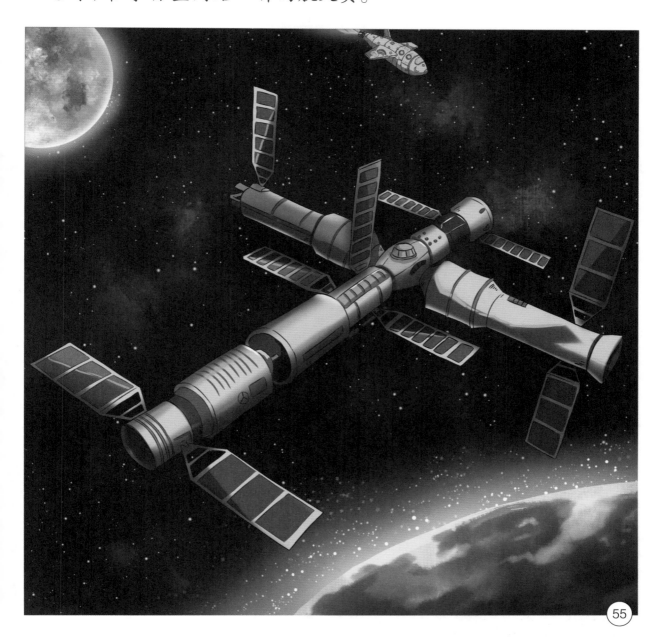

^{tóng xué men hěn xiǎng cān guān yí xià háng tiān yuán zài yǔ zhòu zhōng de jiā háng tiān yuán tóng yì}
同学们很想参观一下航天员在宇宙中的家。航天员同意

^{le qí yì bó shì bǎ fēi chuán cè hòu fāng de lín shí duì jiē qì dǎ kāi zhèng hǎo duì shàng yǔ zhòu}
了。奇异博士把飞船侧后方的临时对接器打开，正好对上宇宙

^{kōng jiān zhàn de mén tóng xué men chuān guò zǒu láng dǎ kāi le kōng jiān zhàn de dà mén}
空间站的门。同学们穿过走廊，打开了空间站的大门。

科学大揭秘

宇宙空间站又称"宇宙岛"，是环绕地球轨道运行的空间基地，是宇航员在太空中工作和生活的地方。

tóng xué men zǒu zài kōng jiān zhàn de bái sè zǒu láng shang dàn bìng bú xiàng zǒu ér shì piāo fú
同学们走在空间站的白色走廊上，但并不像走，而是飘浮
zài kōng zhōng
在空中。

wǒ men shī zhòng la dīng dāng xīng fèn de shuō
"我们失重啦！"叮当兴奋地说。

科学故事

　　有一天，牛顿坐在苹果树下思考。突然，一个熟透的苹果把他的头砸了一个大包。牛顿疼得抱住了头，刚想把它一脚踢开，却微微一怔，想到一个问题：为什么苹果不是飞上天呢？后来，他终于想明白了：地球是有引力的，重力就是由于地球的吸引，而使物体受到的力。

　　失重又称为零重力，是物体在引力场中自由运动时有质量而不表现重量或重量较小的状态。失重现象主要发生在轨道上或太空中。失重分为完全失重和非完全失重。

　　正常情况下，我们将装满水的杯子朝下，水会流出来。而在失重状态下，水却不会流出来。突然一松手，杯子也不会掉下去，而是停在半空中。

正常状态

失重状态

"失重让我感觉心慌！"黄豆说。

"现在终于明白了什么叫'脚踏实地'！"叮当说。

"这种感觉与飞机落地时身体腾空的感觉相似。"一位宇航员说。

飞机起飞

飞机降落

"人在乘坐直梯的时候也有类似的感觉，"小小的脑子飞快地运转着，"当电梯快速上升的时候，感觉脚下的力量很大；电梯下降的时候，脚下轻飘飘的。"

电梯下降

电梯上升

想一想：乘坐直梯的时候，你有什么感觉呢？快去体验一下吧！

科学大揭秘

与失重相对应的一种物理现象叫作超重。在发射航天器时，所有的航天器及其中的宇航员在火箭加速上升的阶段都处于超重状态。

dīng dāng hěn kuài biàn gēn yì míng yǔ háng yuán shú luò qǐ lái wèn dào wǒ men de
叮当很快便跟一名宇航员熟络起来，问道："我们的

dào lái huì bú huì lìng nǐ men de yǎng qì bù zú ne yǔ háng yuán xiào zhe shuō
到来，会不会令你们的氧气不足呢？"宇航员笑着说：

bú huì de yīn wèi kōng jiān zhàn de yǎng qì dōu shì wǒ men zì jǐ shēng chǎn de
"不会的，因为空间站的氧气都是我们自己生产的！"

科学大揭秘

太空中没有氧气，因此宇航员在进入空间站之前会准备充足的氧气。

到达空间站后，尿液、污水等液体会进入空间站水的循环系统，产生出

饮用水并分离出氧气。

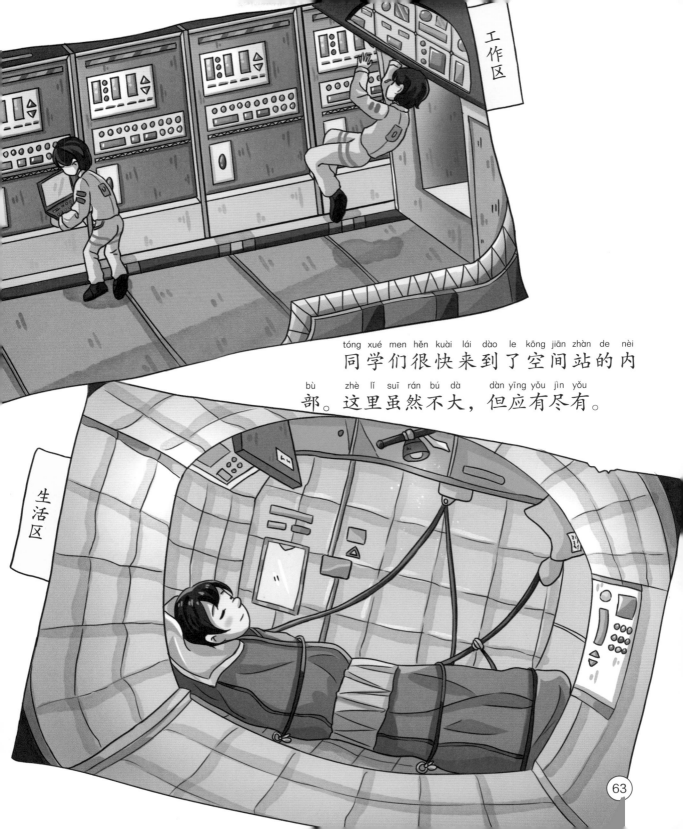

tóng xué men hěn kuài lái dào le kōng jiān zhàn de nèi
同学们很快来到了空间站的内
bù zhè lǐ suī rán bú dà dàn yīng yǒu jìn yǒu
部。这里虽然不大，但应有尽有。

此时，团团感觉有些口渴。她从包里取出一瓶矿泉水，刚想打开就被宇航员制止了。

原来，如果在空间站里像我们平时那样喝水，水滴会飘浮在空中，这对到处都是精密仪器和线路的空间站来说将十分危险。

yǔ háng yuán dì gěi tóng xué men měi rén yí dài shuǐ　　zhuāng shuǐ de dài zi kàn qǐ lái yǒu xiē

宇航员递给同学们每人一袋水，装水的袋子看起来有些

xiàng guǒ dòng de　bāo zhuāng dài

像果冻的包装袋。

科学大揭秘

○

　　太空中的饮用水是用带有吸管的密封袋盛装的。喝水时将吸管放入嘴

○

里，需要用手挤着喝。

tóng xué men zhèng zài hē shuǐ　bù zhī shì shuí de
同学们正在喝水，不知是谁的
dù zi gū gū jiào le qǐ lái　yǔ háng yuán yě tīng jiàn
肚子咕咕叫了起来，宇航员也听见
le　bǎ tā men lǐng dào le　cān tīng
了，把他们领到了"餐厅"。

tóng xué men zuò zài yǐ zi shang
同学们坐在椅子上，
jì hǎo ān quán dài　zhè yàng　jiù
系好安全带，这样，就
bú huì piāo fú qǐ lái le
不会飘浮起来了。

yǔ háng yuán jiāng guàn zhuāng de shí wù
宇航员将罐装的食物
fàng dào zhuō zi shang　bú guò tā men hěn
放到桌子上，不过它们很
kuài jiù piāo le qǐ lái　xiàn zài　kōng
快就飘了起来。现在，空
zhōng dào chù shì piào liang de shí wù guàn
中到处是漂亮的食物罐。

同学们把食物送到嘴里，跟在地面就餐一样。宇航员让食物飘在空中，用嘴咬住它，就像小鸟叼飞虫一样。很快，同学们也学会了这种吃饭的游戏。不过玩儿归玩儿，在太空中咀嚼食物的时候要闭紧双唇，千万不能让食物残渣漏到嘴外去。

我们来玩"抢食物"的游戏吧！

dīng dāng zài cān tīng de páng biān fā xiàn le yí gè tiáo jié wēn dù hé shī dù de àn niǔ
叮当在餐厅的旁边发现了一个调节温度和湿度的按钮。

当空间站背向太阳的时候，外部温度约可达零下 121 摄氏度。当空间站面向太阳的时候，外部温度约可达 157 摄氏度。空间站使用加热器、绝缘装置等调节内部的温度。

大家吃得很饱，宇航员将垃圾装进一个特制的垃圾袋中，等待补给船返回地球后处理。

他们拿出抹布、清洁剂和吸尘器等工具清洁桌面，把自己的手和脸也擦得干干净净。

科学大揭秘

像任何家庭一样，空间站必须保持清洁。因为飘浮的灰尘和食物残渣会对仪器设备和宇航员造成危险。

yī hào yǔ háng yuán qǐng bào gào nǐ de wèi zhì yǔ zhuàng tài kàn lái yǔ háng yuán
"一号宇航员，请报告你的位置与状态。"看来，宇航员

yào kāi shǐ gōng zuò le tóng xué men gēn suí yǔ háng yuán lái dào le gōng zuò qū zài zhè lǐ yí qì
要开始工作了。同学们跟随宇航员来到了工作区。在这里，仪器

de zhǐ shì dēng yì shǎn yì shǎn de yǔ háng yuán yào suí shí yǔ dì miàn de kē xué jiā bǎo chí lián luò
的指示灯一闪一闪的，宇航员要随时与地面的科学家保持联络。

dīng dāng yǒu xiē yí huò kōng jiān zhàn de diàn cóng nǎ lǐ lái
叮当有些疑惑：空间站的电从哪里来？

工作区

科学大揭秘

空间站机载系统的启动及运行都需要电。在空间站的外部，悬挂了八个大型太阳能电池阵列。当空间站面向太阳时，太阳能蓄电池将开始工作。

“一号宇航员，1001号萝卜长势如何？”今天与宇航员联系的是一位植物学家。

　　空间站有一个特殊的种植实验室，现在这里种植着大豆、萝卜、白菜、黄瓜、草莓等植物，植物学家通过宇航员了解植物的生长变化。

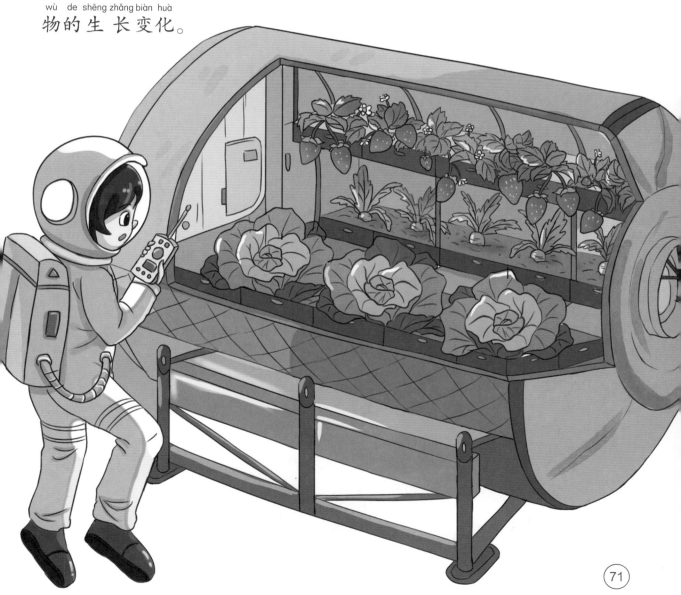

 èr hào yǔ háng yuán   qǐng zhǔn bèi hǎo tài kōng wàng yuǎn jìng de gēng huàn bù jiàn   yǔ

"二号宇航员，请准备好太空望远镜的更换部件！"与

èr hào yǔ háng yuán lián xì de shì yí wèi tiān wén xué jiā   tài kōng wàng yuǎn jìng de líng jiàn chū xiàn gù

二号宇航员联系的是一位天文学家。太空望远镜的零件出现故

zhàng   xū yào yǔ háng yuán gēng huàn

障，需要宇航员更换。

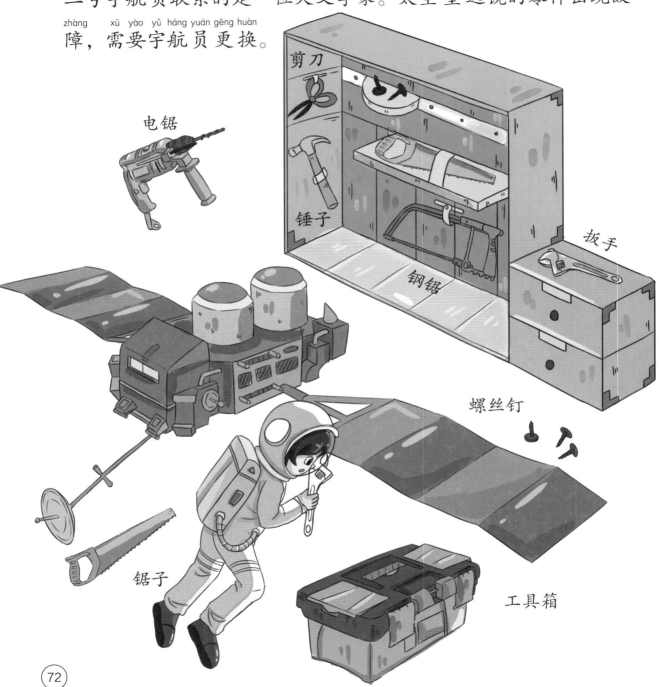

剪刀

电锯

锤子

扳手

钢锯

螺丝钉

锯子

工具箱

^{tóng xué men fā xiàn} 同学们发现，^{yǔ háng yuán zài tài kōng zhōng de gōng zuò bìng bù qīng sōng} 宇航员在太空中的工作并不轻松，^{tā men jiāng gōng} 他们将工

^{zuò hé shēng huó ān pái de jǐng jǐng yǒu tiáo} 作和生活安排得井井有条。

宇航员一天的作息时间表

起床	早餐	洗脸	与地面联系	太空实验	体育锻炼	晚餐	洗浴	就寝
	1 小时	0.5 小时	2 小时	8 小时	2 小时	1 小时	1 小时	

每天都要锻炼身体！

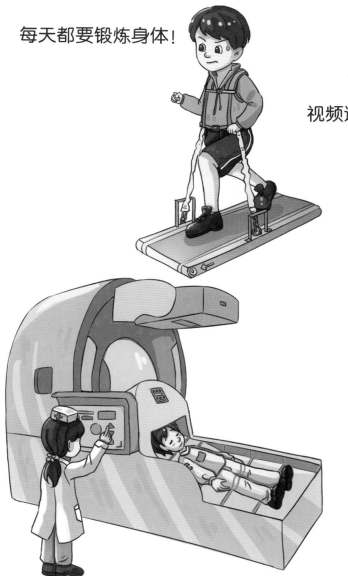

可以和地面人员或者家人视频通话。

尽管宇航员合理饮食、科学运动，但为了确保他们的身体健康，回到地球以后，仍要进行全面的身体检查。

最近，一位宇航员面临严重的失眠。据说，这跟生物钟有关，同学们感到有些奇怪。

在地球上，我们每 24 小时会经历一次日出日落，而在空间站，24 小时内将会经历 16 次日出日落，这将严重影响他们的睡眠。

地球上

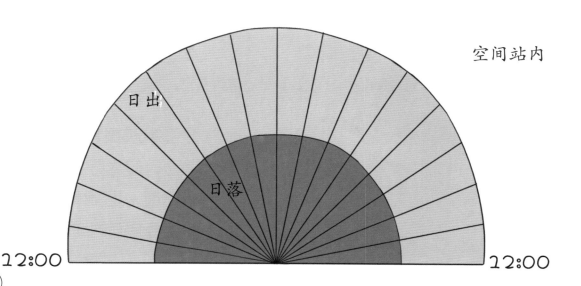

空间站内

不仅如此，在地球上看似简单的事情，在空间站完成起来却十分复杂，比如排便。

小便

空间站的厕所内有专门收集尿液的漏斗和抽风机。尿液被收集起来后过滤成饮用水。

大便

第一步，使用绑腿将自己固定住。

第二步，屁股要紧紧贴在马桶的边缘。

第三步，要努力对准一个盘子大小的厕所孔排便。

完成排便后，粪便会被密封在一个塑料袋中，带回地球处理。

密封

xiǎo xiao fā xiàn le yí miàn bú dà de zhào piàn qiáng zhè lǐ zhāng tiē zhe jǐ wèi yǔ háng yuán de
小小发现了一面不大的照片墙，这里张贴着几位宇航员的

zhào piàn zhào piàn xià miàn hái xiě le bèi zhù jì lù zhe tā men yǒu qù de tài kōng shēng huó
照片。照片下面还写了备注，记录着他们有趣的太空生活。

有趣的
大空生活

1. 饭前来点辣椒酱。由于失重，口腔内的唾液
分泌减少，人的嗅觉和味觉会变得不够灵敏。因此，
饭前来点辣椒酱等重口味的调味料，会帮助宇航员
打开胃口。

2. 打喷嚏要用
毛巾捂嘴。在地球
上打喷嚏，细菌会
被阳光消灭。而在
太空中，细菌会飘
浮在空中并繁殖，
危害宇航员的身体
健康。因此，在太
空中打喷嚏一定要
用毛巾捂住嘴。

76

3. 打嗝时要推一下墙。因为在失重状态下，胃里的食物并不是在底部，而是均匀地分布在胃里。打嗝时伸手推墙，墙的反作用力代替重力，把胃里的食物"固定"住，否则打嗝将变成呕吐。

4. 睡觉时挂在墙上。空间站没有床，只有挂在墙上的睡袋。困了就钻进睡袋，拉紧拉链，把自己牢牢固定住。

“在太空工作久了，回地球还有点儿不适应呢！”一名女宇航员微笑着说。

她还记得上次返回地球时，手脚软绵绵的，使不上劲儿。

在厨房做饭时，她直接将调料盒放到空中。调料盒"啪"的一声掉在地上，她才想起来自己是在地球上。

小小好奇地问："您是如何成为一名宇航员的？"

女宇航员的思绪回到了一年以前。那时候，她每天都要接

受高强度的训练，比如洞穴训练、生存训练等。

洞穴训练

生存训练

成为一名宇航员要经过层层选拔。

成为一名宇航员，
要能适应极冷的环境。

成为一名宇航员，
要能忍耐震动和眩晕。

成为一名宇航员，要
能承受高强度的冲击力。

成为一名宇航员，
要具备强大的心理承受
能力和团队协作能力。

成为一名
宇航员，要具
备丰富的知识，
并能熟练操作
各类航天设备。

科学大揭秘

　　从太空中看，地球是一个由蓝色、绿色、黄色和白色物质组成的星球。蓝色是海洋，黄色和绿色是陆地（绿色是植被），白色是冰雪或云层。

wǒ men zài nǎ lǐ zhuó lù　　　　　wēi wei wèn dào
"我们在哪里着陆？"威威问道。

yǔ zhòu fēi chuán qǐ fēi shí de zào shēng hěn dà　　qí yì bó shì bìng méi yǒu tīng jiàn
宇宙飞船起飞时的噪声很大，奇异博士并没有听见。

白色的"迷失季"

fēi chuán kě néng chū le diǎn xiǎo gù zhàng　　bǎ wǒ men dài dào le běi jí　　　　gù zhàng wéi
"飞船可能出了点小故障，把我们带到了北极。"故障维

xiū xū yào yì xiē shí jiān　　　qí yì bó shì jiàn yì tóng xué men chū qù zhuàn zhuan
修需要一些时间，奇异博士建议同学们出去转转。

bié wàng le chuān fáng hán fú　　　qí yì bó shì tí xǐng dà jiā　　　fáng hán fú kàn qǐ lái
"别忘了穿防寒服！"奇异博士提醒大家。防寒服看起来

máo róng róng de　　　tóng xué men chuān shàng hòu hǎo xiàng yì zhī zhī dà xióng
毛茸茸的，同学们穿上后好像一只只大熊。

tóng xué men lù xù zǒu xià fēi chuán　hán cháo pū miàn ér lái　xǐ huan dòng wù de wēi wei dí

同学们陆续走下飞船。寒潮扑面而来，喜欢动物的威威嘀

gu dào　　zhè me lěng de tiān　dòng wù men shì rú hé rěn shòu de ne

咕道："这么冷的天，动物们是如何忍受的呢？"

科学大揭秘

在北极生活的动物是如何保暖的呢？

海豹：靠厚厚的皮下脂肪保暖。

麝香牛：靠两层"毛外套"保暖。

旅鼠：在挖好的地道内保暖。

北极熊：靠厚厚的脂肪和蓬松的绒毛保暖。

北极熊

北极

zhè ge jì jié zhèng shì běi jí xióng cóng dòng li zǒu chū lái de shí hou　　dīng dāng nán nán
"这个季节正是北极熊从洞里走出来的时候。"叮当喃喃

de shuō
地说。

科学大揭秘

"北极"意为地球的北端。北极熊住在北极附近，因此得名。

wǒ kě bù xiǎng chéng wéi běi jí xióng de shí wù　　huáng dòu shuō
"我可不想成为北极熊的食物！"黄豆说。

科学大揭秘

　　北极熊又叫白熊，生活在北冰洋附近有浮冰的海域，在北极处于食物链的最顶端。它们常以海豹为食，也捕食海鸟、鱼类和小型哺乳动物。

běi jí de fēng jǐng kě zhēn měi a zhè lǐ yǒu zhōng nián bú huà de jī xuě hé hòu hòu de bīng
北极的风景可真美啊！这里有终年不化的积雪和厚厚的冰

céng hái yǒu lián yì kē shù yě méi yǒu de bīng dòng zhí wù dài
层，还有连一棵树也没有的冰冻植物带。

科学大揭秘

在极地或高山地区的永久冻土上，生长着一种由地衣、苔藓、多年生草本和小灌木组成的低矮植被，科学家们称之为"苔原"。

林木线是一种自然界的界线，指分隔植物因气候、环境等因素而能否生长的界线。在该线以内，植物正常生长；超出这条线，大部分植物则无法生存。在北极林木线的北面，只有青苔、小草和低矮的灌木能够生存。

zhè jiù shì lín mù xiàn　　wǒ zài shū shang jiàn guo　　xiǎo xiao xīng fèn de shuō
"这就是林木线，我在书上见过。"小小兴奋地说。

此时，天空中有飞鸟经过。同学们都十分好奇，这是什么鸟呢？

"它们叫北极燕鸥。"不知何时，奇异博士驾驶着驯鹿雪橇赶上了同学们。

科学大揭秘

北极燕鸥是一种中等体形的海鸟，每年迁徙于南北两极之间，创下了世界最长迁徙距离的纪录。据科学家测算，北极燕鸥每年要飞行 4 万多千米。它们始终追寻着太阳，所以又被称为"白昼鸟"。

北美驯鹿是北极苔原上的一种动物，身长 2 米多，身高 1 米多，冬季全身披着褐色长毛，夏季换成稀疏的浅灰色短毛。驯鹿的头上长有很多分叉的大犄角，每年冬天脱落，第二年又长出新的。它们的蹄子是鹿类中最大的，因此常常会用大犄角和大蹄子铲除积雪，寻找被雪覆盖的食物——苔藓。

驯鹿是"快速成才"的典范。驯鹿宝宝刚出生一个多小时就能站起来，一天后驯鹿宝宝就能跑得比人还快。

奇异博士招呼同学们登上驯鹿雪橇。驯鹿雪橇跑起来又快又稳，简直可以称为"雪上飞舟"。据说，这是北极冬季重要的交通工具。

不一会儿，驯鹿雪橇带着同学们来到北冰洋附近，只见大块的浮冰躺在水面上，不停地漂啊漂。

kàn nà lǐ yǒu xiǎo hǎi bào dīng dāng zhǐ zhe bù yuǎn chù de yí chù bīng qiū shuō

"看，那里有小海豹！"叮当指着不远处的一处冰丘说。

nà lǐ yǒu yí dà yì xiǎo liǎng zhī hǎi bào sì hū shì mǔ zǐ liǎ

那里有一大一小两只海豹，似乎是母子俩。

科学大揭秘

冰丘是指冰面上类似于山丘的隆起。

海豹是海洋哺乳动物，它们一生中的大部分时间生活在海里，但必须时不时地浮出水面呼吸新鲜空气。海豹在水下可以屏住呼吸长达 2 个小时。

nán dào shì tóng xué men de dào lái xià dào le tā men
难道是同学们的到来吓到了它们？

kàn qǐ lái gèng xiàng shì dí rén lái xí   qí yì bó shì shuō
"看起来更像是敌人来袭！"奇异博士说。

guǒ rán   guò le bù jiǔ   tóng xué men jiù kàn dào yí gè bái sè de gāo dà shēn yǐng   běi jí xióng
果然，过了不久，同学们就看到一个白色的高大身影——北极熊。

科学大揭秘

成年北极熊身高可达两三米，体重达 800 多千克。它们跑得飞快，嗅觉灵敏，游泳技能极高，被它们盯上的猎物很难逃脱。

北极熊在冰面上来回踱着步，似乎是在寻找着什么。突然，它站在一个地方一动不动，还用大大的掌遮住鼻子。

科学大揭秘

为了能及时浮出水面换气，海豹会在冰面上挖洞作为通气口。北极熊一旦发现海豹的通气口，就会静静地守候在洞旁，犹如雪雕。它还会用掌遮住鼻子，防止自己的气味和呼吸声吓跑海豹。

也不知过了多久，同学们感觉手脚已经被冻得快没有知觉了。这时，一只冒失的海豹从通气孔探出头来。只见北极熊以迅雷不及掩耳之势对准海豹的脑袋猛地一拍，海豹的头盖骨瞬间被击得粉碎。

^{kě lián de hǎi bào jiù zhè yàng xī li hú tú de diū le xìng mìng} ^{běi jí xióng jǐn jǐn yǎo zhù}
可怜的海豹就这样稀里糊涂地丢了性命。北极熊紧紧咬住

^{hǎi bào de bó zi} ^{yòng lì jiāng qí tuō chū shuǐ miàn} ^{rán hòu měi měi de bǎo cān le yí dùn}
海豹的脖子，用力将其拖出水面，然后美美地饱餐了一顿。

科学大揭秘

　　当食物丰富时，北极熊专吃海豹的皮和脂肪。海豹的皮可为北极熊提供维生素，海豹的脂肪可为北极熊补充能量和水分。北极熊对待同伴很大方，如果几只熊在一起，捕食者会先吃一部分食物，再留下一部分食物给同伴。

guò le yí huìr
过了一会儿，
yì qún běi jí hú jù jí
一群北极狐聚集
guò lái   tā men bù gǎn
过来。它们不敢
tài kào jìn běi jí xióng
太靠近北极熊，
zhǐ shì jìng jìng de děng
只是静静地等
zhe   běi jí xióng chī bǎo
着。北极熊吃饱
hòu   huì tiào dào bīng lěng
后，会跳到冰冷
de hǎi shuǐ zhōng xǐ zǎo
的海水中洗澡。
cǐ shí   běi jí hú jiù
此时，北极狐就
huì gǎn jǐn pǎo guò lái
会赶紧跑过来，
chī běi jí xióng shèng xià de
吃北极熊剩下的
měi wèi
美味。

科学大揭秘

　　北极狐外表俊美，生性机智，被人们称为"雪地精灵"。它们世代
生活在北极，练就了一身本领：捉海鸟，偷鸟蛋，猎北极兔，捉海边的鱼。

如果同学们不仔细看，根本看不到这群北极狐。它们很会伪装，全身的毛跟周围的雪融为一体。

不过这群北极狐似乎没有吃饱，继续寻找着食物。

科学大揭秘

北极狐生活在北冰洋沿岸地带，喜欢在向阳的山坡上筑巢。它们擅长"伪装术"，夏天它们身上的毛会变成苔原的颜色，冬天它们身上的毛又会变成雪白色。

小小被北极狐漂亮的外表吸引了。她用眼神询问奇异博士是否可以跟在北极狐的后面。

奇异博士点了点头。

同学们紧紧跟着北极狐。不一会儿，它们突然停了下来，还用爪子奋力地刨雪。

"它们发现了旅鼠洞！"奇异博士说。

北极狐很快就挖开了雪下的旅鼠洞。只见一只北极狐猛地高高跳起，借助下落的力量将整个旅鼠洞压扁。旅鼠们四处乱窜，但都没能逃脱。

　　旅鼠生活在北极地区，以青草等植物为食。它们身材短小，身长不到 20 厘米，十分可爱。它们居住在积雪下的浅层洞穴中，那里既保暖又能藏身。不过，旅鼠躲不过嗅觉灵敏的北极狐的猎杀。旅鼠是北极狐的主要食物来源。

　　旅鼠的繁殖能力很强，一只母旅鼠一胎能生 10 只左右，一年能生七八次。二十多天后，那些小旅鼠又会有自己的孩子。旅鼠的寿命不长，一般一年左右。

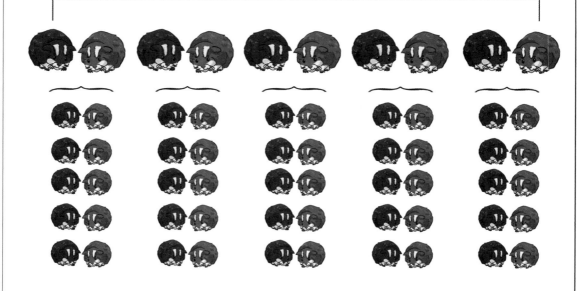

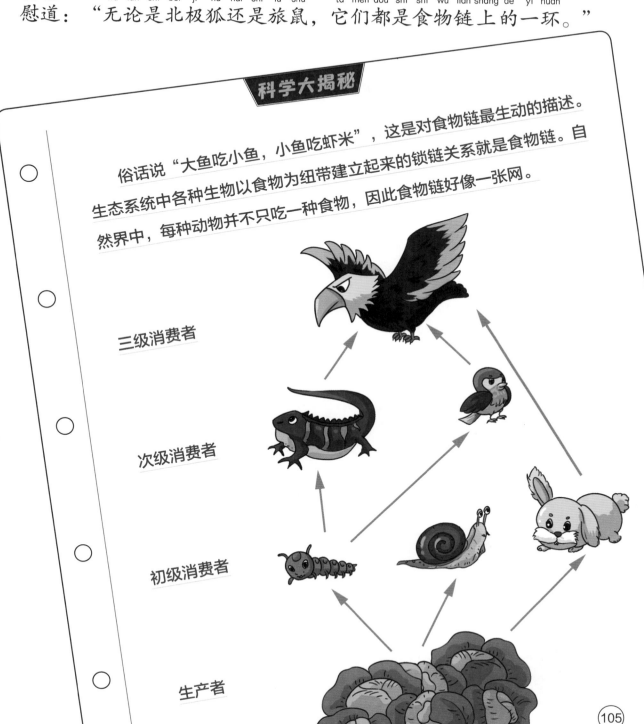

看到北极狐这么残忍地对待旅鼠，小小非常难过。奇异博士安慰道："无论是北极狐还是旅鼠，它们都是食物链上的一环。"

科学大揭秘

俗话说"大鱼吃小鱼，小鱼吃虾米"，这是对食物链最生动的描述。生态系统中各种生物以食物为纽带建立起来的锁链关系就是食物链。自然界中，每种动物并不只吃一种食物，因此食物链好像一张网。

三级消费者

次级消费者

初级消费者

生产者

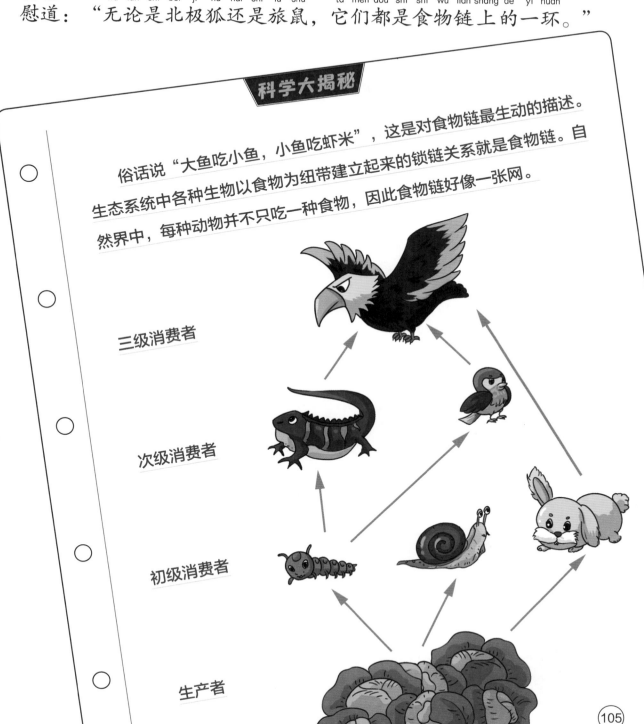

qí yì bó shì kàn le yí xià shǒu biǎo shuō　　　　　 āi yā　　bù zǎo le　　wǒ men gāi chī wǎn
奇异博士看了一下手表，说："哎呀，不早了，我们该吃晚

fàn le
饭了！"

tài yáng hái méi luò shān ne　　　wēi wei shuō
"太阳还没落山呢！"威威说。

科学大揭秘

每年的6月中旬到7月初，北极圈内会出现"极昼"现象，即24

小时都是白天。即便没有太阳照耀，天空也是明亮的。

dàn xiàn zài yǐ jīng shì wǎn shang diǎn duō le
"但现在已经是晚上8点多了！"
qí yì bó shì shuō
奇异博士说。

"我带你们体验在冰屋里吃晚餐和睡觉。"听说奇异博士在北极也有朋友,同学们都很诧异。驯鹿雪橇在一座冰屋前停了下来,从门里走出一位身材健壮的中年男子。

嗨,奇异博士。

嗨,北极先生。

北极先生带领奇异博士和同学们从低矮的入口走进冰屋，里面的空间很大，正中间摆放着一张桌子，大家围坐在桌子旁。

奇异博士向同学们介绍起这位因纽特人朋友。

因纽特人的祖先以捕猎北极熊为生。他们将北极熊称为"纳努克"。他们猎杀到北极熊后，会举行隆重的庆祝仪式。不过现在因纽特人以保护北极熊为使命。

当前，世界上的野生北极熊大约有 2 万只，数量相对稳定。但北极熊面临环境破坏、工业污染和人为猎杀等威胁，已经被列为濒危野生动物。

听说北极先生最近救助了一只受伤的小北极熊，同学们十分兴奋。北极先生答应第二天带同学们去看北极熊宝宝。

那个晚上，黄豆梦见自己睡在冰箱里，团团梦见自己变成了一支粉红色的雪糕。

第二天，奇异博士和同学们很早就起床了，他们跟着北极先生去看小北极熊。"这只小北极熊在海里游泳时，被虎鲸咬坏了腿。如果不是我及时救了它，它一定会没命的。"

这只受伤的小北极熊被北极先生安顿在一个废弃的山洞里，同学们到来时它还在睡觉。

科学大揭秘

○ 北极熊虽然堪称"北极霸主"，但它也有惧怕的对手——海象和虎鲸。

○ 双方常常会互相攻击。

"快起床啦，懒熊。"北极先生招呼小北极熊。小北极熊慢慢地爬起来，同学们看到它的左腿上缠着纱布。它围着北极先生慢慢地绕了几圈，还用鼻子去碰北极先生的鼻子。

科学大揭秘

　　小北极熊对北极先生所做的一系列动作，正是北极熊之间特殊的问候方式。

雌北极熊是十分伟大的母亲。每年的 3—6 月是北极熊的交配旺季，雄熊们会为了心仪的雌熊互相打斗，胜利者将成为雌熊的丈夫。雌熊怀孕后，雄熊会离开雌熊。

雌熊怀孕后要大量进食，为迎接宝宝的降生储备能量。雌熊会提前一两个月在雪地里挖好舒适的洞穴。

雌熊一般一次生两个宝宝，偶尔也会生三到四只。宝宝降生后的四五个月，熊妈妈一直在洞里陪护着它们，不仅不吃不喝，还要将自己的能量转化为乳汁喂养它们。

北极熊的一生

1. 每年的 11 月到次年的 2 月是小熊宝宝的出生季。

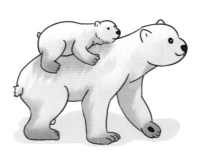

2. 三四月份，小北极熊长到了一二十千克，它们常常在雪地里嬉闹，妈妈教它们如何猎捕海豹。

3. 一岁的小北极熊仍以妈妈的乳汁为主食，不过它们开始学着吃肉啦！

4. 两岁时，小北极熊就长成了大北极熊。它们离开妈妈独立生活。

5. 五六岁了，北极熊可以找一个心仪的异性生小宝宝了。

6. 二三十年过去了，北极熊的生命走到了尽头。

同学们始终不敢靠近北极熊，毕竟它生性凶猛。叮当给小北极熊拍了很多照片。离别时，小北极熊抬起了前爪，似乎在向他们挥手道别。北极先生告诉同学们，不久以后，他也要跟小北极熊道别了，因为大自然才是小北极熊最好的归宿。

驯鹿雪橇拉着奇异博士和同学们回到了宇宙飞船的停靠处。回到船舱，大家脱下了厚重的防寒服，感受到了久违的温暖。

"飞船就要出发啦！"奇异博士扶着方向盘说。

"这次不会再出故障了吧？"同学们一起问道。

这次奇异博士依然没有听见。

117

想一想

1. 应该选择什么样的地方观赏流星雨呢?

2. 你知道太阳系有几大行星吗?

3. 在宇宙中，测量距离的单位是什么?

4. 你知道《授时历》是谁主持编制的吗?

5. 你知道天干和地支都有哪些吗?

6. 你知道唐朝的天文机构叫什么吗?

7. 你知道"北极霸主"是谁吗?

写给孩子的
科学启蒙课

谜一样的小生命

刘鹤◎主编　麦芽文化◎绘

扫码点目录听本书

应急管理出版社

·北京·

图书在版编目（CIP）数据

谜一样的小生命／刘鹤著；麦芽文化绘 ． －－北京：
应急管理出版社，2021
（写给孩子的科学启蒙课）
ISBN 978 - 7 - 5020 - 9182 - 8

Ⅰ．①谜⋯　Ⅱ．①刘⋯　②麦⋯　Ⅲ．①微观系统—儿
童读物　Ⅳ．①Q1 - 49

中国版本图书馆 CIP 数据核字（2021）第 240552 号

谜一样的小生命（写给孩子的科学启蒙课）

著　　者	刘　鹤
绘　　画	麦芽文化
责任编辑	高红勤
封面设计	岳贤莹

出版发行　应急管理出版社（北京市朝阳区芍药居 35 号　100029）
电　　话　010 - 84657898（总编室）　010 - 84657880（读者服务部）
网　　址　www.cciph.com.cn
印　　刷　德富泰（唐山）印务有限公司
经　　销　全国新华书店

开　　本　710mm×1000mm$^1/_{12}$　**印张**　40　**字数**　200 千字
版　　次　2022 年 9 月第 1 版　2022 年 9 月第 1 次印刷
社内编号　20211357　　　　　　**定价**　128.00 元（共四册）

目 录
CONTENTS

70%

神奇的家

奇异博士的课之所以受欢迎，不仅仅是因为他有神奇的"背心儿"，还因为有你永远也猜不到的上课地点。奇异博士的科学课可能在车库里，可能在田间，甚至可能在你从没去过的地方。

这是一堂自然科学课。为了让孩子们感受春天的气息，奇异博士将课堂搬到了田野。

同学们很开心，因为奇异博士同意带他们来一次春游。团团带了她最爱吃的奶油饼干，小小带了汉堡，黄豆带了烧鸡。下课后，他们围坐在一起，开启了春游模式。

科学大揭秘

蚂蚁是一种膜翅目蚁科昆虫，群居，住在地下巢穴。它们喜欢吃甜食和肉食，也有些蚂蚁吃素食。蚂蚁具有明确的分工，其中工蚁负责建造巢穴、采集食物、饲喂幼虫及蚁后等工作。工蚁又称职蚁，是成熟蚂蚁中体积最小且无翅膀的雌性蚂蚁，无生殖能力。

tuán tuan suí xīn suǒ yù de chī
团团随心所欲地吃

zhe líng shí　　gè zhǒng líng shí bèi tā
着零食，各种零食被她

fēi kuài de sāi jìn zuǐ li　　bù yí huìr
飞快地塞进嘴里。不一会

tā de zhōu wéi jiù sǎ xià le gè
儿，她的周围就撒下了各

zhǒng bù tóng de zhā zi　　xì xīn de
种不同的渣子。细心的

xiǎo xiao fā xiàn　　bù zhī hé shí　　tuán
小小发现，不知何时，团

tuan zhōu wéi jù jí le hěn duō mǎ yǐ
团周围聚集了很多蚂蚁。

大家都围了过来，饶有兴趣地观察蚂蚁们的工作。

蚂蚁们先是围绕着渣子转了几圈，似乎在琢磨工作量的大小。然后，它们根据渣子的大小分成了组，驮起比它们的身体大几倍的渣子，排好队向一个方向走去。

物理学家发现，一只蚂蚁能够举起超过体重 400 倍、拖运超过体重 1700 倍的物体。有一位昆虫学家发现，10 只蚂蚁竟然合力抬起了超过它们自身体重 5000 倍的食物。从承重能力上说，蚂蚁是当之无愧的大力士。

奇异博士和同学们跟着蚂蚁队伍的这条"小黑线"缓慢地移动着。大约十几分钟后，它们抵达了终点——蚁穴。蚂蚁搬运着食物陆续爬了进去。威威感叹道："如果能进去看看就好了！"同学们也纷纷附和着，并同时将目光投向奇异博士。奇异博士连忙去翻背心儿。叮叮当当一阵响声后，他从背心儿右边第一排的第一个口袋里拿出了一个类似放大镜的东西和一张说明书，上面写着"放大缩小仪"。

yáng guāng xià　　fàng dà suō xiǎo yí shǎn shǎn fā guāng　　tóng xué men àn zhào shǐ yòng shuō míng　　zhàn
阳光下，放大缩小仪闪闪发光。同学们按照使用说明，站

zài le fàng dà suō xiǎo yí de guāng yǐng zhōng　　qí yì bó shì dǎ kāi le kāi guān　　dà jiā shùn jiān suō
在了放大缩小仪的光影中。奇异博士打开了开关，大家瞬间缩

xiǎo wéi mǎ yǐ bān dà xiǎo　　qiāo qiāo de gēn zài　　xiǎo hēi xiàn　　duì wu de zuì hòu miàn　　dà jiā
小为蚂蚁般大小，悄悄地跟在“小黑线”队伍的最后面。大家

tái qǐ tóu　　kàn dào mǎ yǐ dòng kǒu de xíng zhuàng xiàng yí zuò dà huǒ shān
抬起头，看到蚂蚁洞口的形 状 像一座大火山。

同学们走进蚁穴后，感觉地面踩
上去松松软软的，好像走在地毯上。

同学们跟着工蚁来到了一
个空旷的大厅，大厅中分出
几条小路，好像大树的根茎一
样。大家在这里迷失了方向。

科学大揭秘

蚁穴内四通八达，有很多
功能不同的房间（分室），并
且有着良好的排水和通风构造，
通常能保持恒温恒湿。

tóng xué men zhēng zhí zhe gāi zǒu nǎ tiáo lù qí yì bó shì bù dé bù dǎ duàn le dà jiā
同学们争执着该走哪条路，奇异博士不得不打断了大家：

dà jiā dōu bié chǎo le wǒ men zǒu nà tiáo zuì kuān de lù
"大家都别吵了，我们走那条最宽的路。"

科学大揭秘

这些蚂蚁守卫叫作"兵蚁"，又称大工蚁，是没有生殖能力的雌蚁。它们的头部略大，是保护蚁群的战士。

tóng xué men gāng guǎi le liǎng gè wānr jiù kàn dào qián fāng
同学们刚拐了两个弯儿，就看到前方

de rù kǒu chù yǒu zhī mǎ yǐ wèi bīng shǒu wèi zài nà lǐ tā
的入口处有4只蚂蚁卫兵守卫在那里。它

men de gè tóur bǐ gōng yǐ dà de duō tóu shang hái zhǎng le yí
们的个头儿比工蚁大得多，头上还长了一

duì xiàng qián zi yí yàng de chù jiǎo xià de hái zi men chà diǎnr
对像钳子一样的触角，吓得孩子们差点儿

jīng jiào chū shēng gǎn jǐn duǒ le qǐ lái
惊叫出声，赶紧躲了起来。

wèi le duì fu bīng yǐ   qí yì bó shì ná chū liǎng gè tòu míng de pēn wù xiǎo píng zi   shàng
为了对付兵蚁，奇异博士拿出两个透明的喷雾小瓶子，上

miàn xiě zhe   ān mián pēn wù   zhè dōng xi duì bīng yǐ wú hài   zhǐ huì ràng tā men měi měi de
面写着"安眠喷雾"。这东西对兵蚁无害，只会让它们美美地

shuì shàng yí jiào   wēi wei hé dīng dāng qiāo qiāo de zǒu xiàng bīng yǐ   xùn sù pēn sǎ yào shuǐ   bīng yǐ
睡上一觉。威威和叮当悄悄地走向兵蚁，迅速喷洒药水。兵蚁

hěn kuài jiù hūn shuì le guò qù
很快就昏睡了过去。

同学们来到第一个房间，里面有很多蚜虫。有些工蚁在喂养蚜虫，有些工蚁像挤牛奶一样挤压着蚜虫的蜜露，还有一些工蚁驮着同伴挤出的蜜露向其他房间走去。

tóng xué men qiāo qiāo de gēn zài gōng yǐ de hòu miàn
同学们悄悄地跟在工蚁的后面。

gōng yǐ men zuò shì hěn yǒu zhì xù   jí biàn shì zài jiā li yě dōu yǒu
工蚁们做事很有秩序，即便是在家里也都有

lǐ mào de pái hǎo duì   kào yòu zǒu   xiǎo xiao dī zhe tóu zǐ xì de huà zhe
礼貌地排好队，靠右走。小小低着头仔细地画着

lù xiàn   yí bù liú shén zhuàng dào le qián miàn de huáng dòu   zěn me tū rán
路线，一不留神 撞到了前面的黄豆。"怎么突然

tíng xià lái le   xiǎo xiao yí huò de wèn   shùn zhe dà jiā de mù guāng
停下来了？"小小疑惑地问。顺着大家的目光，

xiǎo xiao kàn dào le yì zhī tǐ xíng jù dà de mǎ yǐ   tā zhèng zài xiū xi
小小看到了一只体形巨大的蚂蚁。它正在休息，

gōng yǐ men zhèng zài wèi tā mì lù   tā shì yǐ hòu   dà jiā qiān wàn bú
工蚁们正在喂它蜜露。"它是蚁后，大家千万不

yào jīng dòng tā   qí yì bó shì xiǎo shēng de shuō
要惊动它！"奇异博士小声地说。

蚁后每天产卵的数量因种类不同略有差异，一般在 500 ～ 1000 粒。一只蚁后一生能产几万甚至几十万粒的卵。蚁后是蚁群的创始人，在光荣交配后，就在地下深约 30 厘米的地方开辟一个宽度约 6 厘米的小房子，繁殖自己的后代。

yǐ hòu bì zhe yǎn jing tǎng zài dì
蚁后闭着眼睛躺在地
shang xiū xi kàn qǐ lái hěn pí bèi
上休息，看起来很疲惫，
páng biān shì yì duī bái sè de mǎ yǐ
旁边是一堆白色的蚂蚁
luǎn gōng yǐ men fàng xià shí wù bào
卵。工蚁们放下食物，抱
zhe luǎn xiǎo xīn yì yì de zǒu le
着卵小心翼翼地走了。

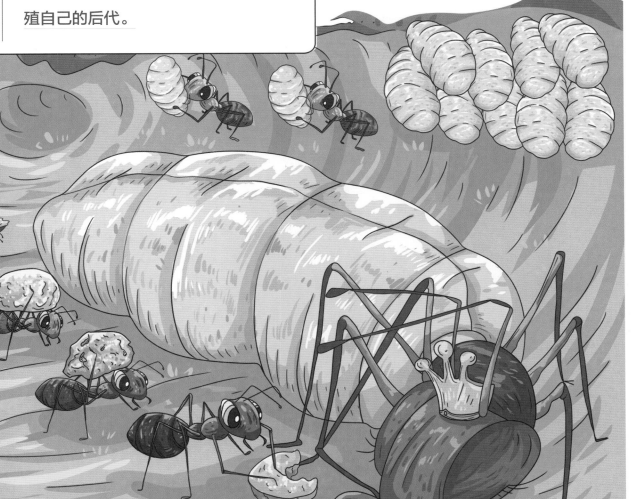

工蚁们将它们送到了蚂蚁卵室，并在这里一一喂养蚂蚁卵。这里看起来就像婴儿房，刚出生的蚂蚁卵被安放在这里，远远看去像一个米堆。黄豆发现，有一只蚂蚁卵已经长成了蚂蚁幼虫，蹬着小腿儿好像在哭闹。一只工蚁发现了它，把它抱走了。

tā bǎ mǎ yǐ bǎo bao bào zǒu le　　huáng dòu hǎn dào
"它把蚂蚁宝宝抱走了！"黄豆喊道。

kuài　　gēn shàng qù　　wēi wei dāng jī lì duàn
"快，跟上去！"威威当机立断。

nà zhī gōng yǐ zǒu guò cháng cháng de zǒu láng　　bǎ mǎ yǐ bǎo bao sòng dào le yòu chóng shì　zài
那只工蚁走过长长的走廊，把蚂蚁宝宝送到了幼虫室。在

zhè lǐ　　tóng xué men kàn dào le hěn duō zhī mǎ yǐ bǎo bao
这里，同学们看到了很多只蚂蚁宝宝。

^{mǎ yǐ bǎo bao tài duō le} ^{gōng yǐ men wèi yǎng bú guò lái} ^{qí yì bó shì ná chū le yì}
蚂蚁宝宝太多了，工蚁们喂养不过来。奇异博士拿出了一

^{píng mǎ yǐ jī sù} ^{pēn sǎ dào tóng xué men de shēn shang} ^{zhè xià} ^{tā men shēn shang yǒu le}
瓶"蚂蚁激素"，喷洒到同学们的身上。这下，他们身上有了

^{gēn mǎ yǐ tóng yàng de qì wèi} ^{yě kě yǐ bāng máng wèi yǎng mǎ yǐ bǎo bao le}
跟蚂蚁同样的气味，也可以帮忙喂养蚂蚁宝宝了。

科学大揭秘

　　蚂蚁之间靠特殊的"化学语言"保持联系和辨别伙伴，这称为激素。激素是蚂蚁分泌出的一类化学物质。蚂蚁觅食时，会把激素散布在来回的路上，同伴根据激素的气味，也能找到食物的地点。蚂蚁身上散发出的气味在往返的路上形成了"气味长廊"。蚂蚁能根据气味辨别谁是同族，谁是异族。

工蚁们将他们错认为同类，便将一堆蜜露推给同学们，还指了指角落里一群哭闹的蚂蚁宝宝。看来，它们是要喂养那群蚂蚁宝宝。"有五六只工蚁没有喂宝宝，而是在作茧。为什么呢？"黄豆问道。

17

tā men biàn tài le   qí yì bó shì huà yīn gāng luò   hái zi men qí qí kàn xiàng tā

"它们变态了？"奇异博士话音刚落，孩子们齐齐看向他。

ò   wǒ shuō de shì tā men yǐ jīng jìn rù dào le biàn tài fā yù shí qī

"哦，我说的是它们已经进入到了变态发育时期。"

蚂蚁的发育可分为四个阶段。

第一阶段，胚胎发育阶段。这时候，蚂蚁卵开始逐渐长大。

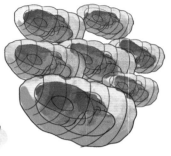

第二阶段，幼虫阶段。蚂蚁卵孵化成蚂蚁幼虫。

第三阶段，成蛹阶段。在工蚁的帮助下，蚂蚁幼虫的外部附上一层厚厚的茧。

第四阶段，成虫阶段。蚂蚁破茧而出，终于长大啦！

长大后的蚂蚁，开始了群体分工。雌蚁中最能生孩子的是蚁后，个头儿小、不发育的雌蚁是工蚁，个头儿大、没有生殖能力的雌蚁是兵蚁。雄蚁主要负责交配。

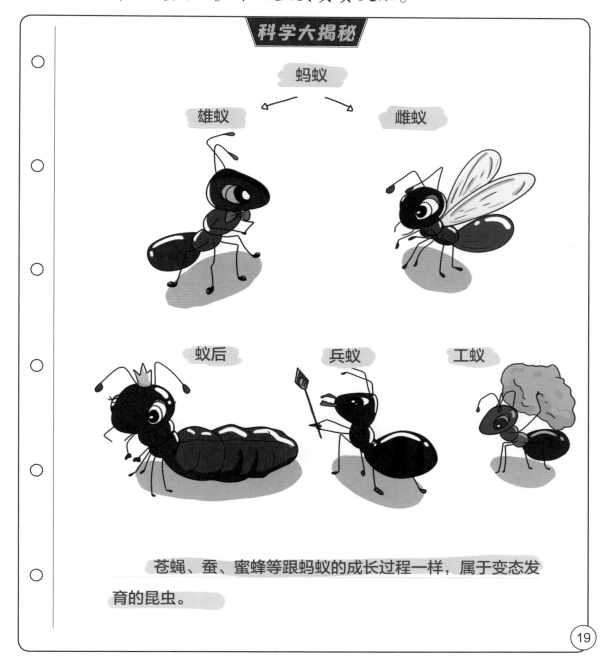

科学大揭秘

蚂蚁

雄蚁　　雌蚁

蚁后　　兵蚁　　工蚁

苍蝇、蚕、蜜蜂等跟蚂蚁的成长过程一样，属于变态发育的昆虫。

19

děng mǎ yǐ yòu chóng men dōu
等蚂蚁幼虫们都
shuì zháo le tóng xué men yòu bèi
睡着了，同学们又被
gōng yǐ men lǐng dào le yí gè duī
工蚁们领到了一个堆
mǎn shù yè de fáng jiān
满树叶的房间。

gōng yǐ ràng tóng xué men bǎ fǔ làn de shù yè duī fàng zhěng qí
工蚁让同学们把腐烂的树叶堆放整齐。

guò le yì huìr　　yí duì gōng yǐ bān yùn zhe shí wù hé zhǒng zi lù guò
过了一会儿，一队工蚁搬运着食物和种子路过。

suí hòu　　yí duì gōng yǐ bān yùn zhe tǔ rǎng zǒu guò　　tā men yào jiàn yì jiān xīn fáng
随后，一队工蚁搬运着土壤走过，它们要建一间新房。

zuì hòu　　yí duì sòng zàng de mǎ yǐ zǒu lái　　tā men miàn lù bēi shāng　tóng xué men gēn zhe
最后，一队送葬的蚂蚁走来，它们面露悲伤。同学们跟着

sòng zàng duì wu zǒu dào le yí gè mǎ yǐ de mù xué　　mái zàng le mǎ yǐ　　hái zài fén mù shang chā
送葬队伍走到了一个蚂蚁的墓穴，埋葬了蚂蚁，还在坟墓上插

le yì duǒ xiǎo huā
了一朵小花。

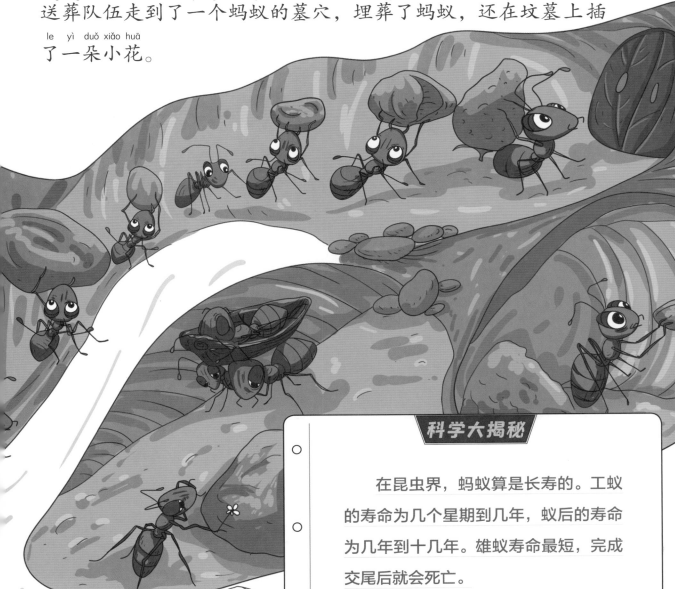

科学大揭秘

在昆虫界，蚂蚁算是长寿的。工蚁的寿命为几个星期到几年，蚁后的寿命为几年到十几年。雄蚁寿命最短，完成交尾后就会死亡。

tóng xué men jiàn yǐ jīng zǒu chū le yǐ xué　shāng liang zhe shì huí jiā hái shi jì xù zài yě wài

同学们见已经走出了蚁穴，商量着是回家还是继续在野外

wán yí huìr　　tū rán　　yì zhī bái sè de dà guài wu kào jìn le tā men　tā de yǎn jing hóng

玩一会儿。突然，一只白色的大怪物靠近了他们。它的眼睛红

hóng de　　tóng xué men gǎn dào le qián suǒ wèi yǒu de kǒng jù　hǎo zài guài wu zhǐ duì tā men fù jìn

红的，同学们感到了前所未有的恐惧。好在怪物只对他们附近

de xiǎo cǎo gǎn xìng qù　dà jiā yí dòng bú dòng de tīng zhe tā yǒu jié zòu de kěn shí shēng　dīng dāng

的小草感兴趣，大家一动不动地听着它有节奏的啃食声。叮当

jué de yǎn shú　zhè bú jiù shì fàng dà de　xiǎo bái　ma　yuán lái xiǎo bái shì dīng dāng wèi yǎng

觉得眼熟，这不就是放大的"小白"嘛！原来小白是叮当喂养

de yì zhī bái tù

的一只白兔。

同学们发现，兔子眼睛的颜色跟身上的颜色接近：黑兔子的眼睛是黑色的，灰兔子的眼睛是灰色的，唯独白兔的眼睛颜色是个例外。

原来，兔子的毛色是由表皮所含的色素决定的，这种色素也覆盖到眼睛。眼睛大部分是透明的，因此我们看到了它们身上色素的颜色——黑色或灰色。白兔的表皮没有色素，皮肤和眼睛也不含色素，我们看到的是它眼球中的毛细血管，因此看起来就是红色的眼睛。

兔子们吃完草，蹦蹦跳跳地走了。奇异博士赶紧从背心儿左边第二排的口袋里掏出了几个"帽子飞行器"，大家跟着兔子向森林深处飞去。

兔子十分警觉，一有风吹草动就停下来紧张地环顾四周，如果不是同学们此时还没有一只七星瓢虫大，兔子肯定早就跑没影儿了。突然，从树上掉下来一颗松果，兔子蹬动后腿一下子扎进一个洞里。

科学大揭秘

　　在大自然中，兔子时刻面临来自蛇、鹰等天敌的威胁。兔子实在是没什么战斗力，只能锻炼自己的跑步速度和听力。因此，兔子的耳朵长，听力发达，一感受到危险撒腿就跑。所以人们常常用"兔子胆儿"来形容胆小的人。

"兔子洞里有魔法！"小小悄悄地对团团说。

"是真的吗？"团团半信半疑。

为了探究兔子洞是否有魔法，同学们在兔子洞口降落，摘下飞行器，走了进去。与蚂蚁洞的井然有序不同，兔子洞里纵横交错着很多通道，让人晕头转向。

科学大揭秘

世界著名童话《爱丽丝梦游仙境》的故事就是从女主人公爱丽丝掉进兔子洞里开始的。

25

科学大揭秘

兔子洞又称兔窟，洞深约距离地面 3 米。兔子的起居室一般有 30 ～ 60 厘米高，起居室向外连接着多条通道，每条通道约 1 ～ 2 米长。

tù zi bú jiàn le zōng yǐng　huáng dòu dǎ le tuì táng gǔ　　　wǒ men hái shi chū qù ba　zài
兔子不见了踪影，黄豆打了退堂鼓："我们还是出去吧，在

zhè lǐ zhǎo tù zi yí dìng huì mí lù de　　wēi wei bù tóng yì　tā jué de tù zi yīng gāi jiù zhù
这里找兔子一定会迷路的！"威威不同意，他觉得兔子应该就住

zài xià miàn de dòng xué li　xiǎo xiao ná chū bǐ jì běn　fān dào le guān yú tù zi dòng de yí yè
在下面的洞穴里。小小拿出笔记本，翻到了关于兔子洞的一页。

"狡兔三窟"出自《战国策·齐策四》。古人很早就发现兔子有多个藏身之处，所以用"狡兔三窟"来比喻隐藏的地方多或方法多。

tóng xué men xiān cóng zuì zuǒ bian de tōng dào pèng peng yùn qi　　jié guǒ zǒu le yì quānr　yòu rào
同学们先从最左边的通道碰碰运气，结果走了一圈儿又绕

dào le dòng kǒu　jiē zhe　tā men cháng shì dì èr tiáo lù　dì sān tiáo lù　　dì sì tiáo lù
到了洞口。接着，他们尝试第二条路、第三条路、第四条路……

xiǎo xiao gǎn tàn dào　　　　jiǎo tù sān kū　shuō de zhēn shì yǒu dào lǐ ya
小小感叹道："'狡兔三窟'说得真是有道理呀！"

兔子喜欢相对干燥的生活环境。它们几乎不喝水，仅从食物（胡萝卜、青草等）中摄取的水分就足够日常所需。

兔妈妈一次能生 5~6 只兔宝宝。幼兔出生 30 天后就可以离巢自己生活了。8 个月的兔子已成年，有了生殖能力。

jiù zài dà jiā xiǎng yào fàng qì xún zhǎo de
就在大家想要放弃寻找的
shí hou yǎn jiān de huáng dòu zài yí gè xiǎo dòng
时候，眼尖的黄豆在一个小洞
li fā xiàn le wǔ zhī bái tù bǎo bao qí zhōng
里发现了五只白兔宝宝。其中
liǎng zhī xiǎo bái tù zhèng zài chī nèn cǎo lìng wài
两只小白兔正在吃嫩草，另外
sān zhī xiǎo bái tù zhèng zài ná shù zhī mó yá
三只小白兔正在拿树枝磨牙。

大家没有打扰兔宝宝
们，悄悄地走到了旁边的
一个房间。刚刚见过的那
只白兔正在吃草。奇异博
士悄悄问同学们："你们
看，这只兔子是雌兔还是
雄兔？"

小小说："雄兔。"
黄豆说："雌兔。"

科学大揭秘

古人很早就学会了分辨兔子的雌
雄，有诗为证："雄兔脚扑朔，雌兔
眼迷离"（出自《乐府诗集》）。大
意是把兔子耳朵提起来，两只前脚会
动的是雄兔，两只眼睛时常眯着的是
雌兔。

科学大揭秘

兔子以较易获得的植物为食，所以并没有储藏食物的习性。幼兔以母乳和嫩草为食，成年的兔子以胡萝卜、红薯等为食。冬天，兔子会在窝里铺上柴草，既能保暖，也能充饥。"闹饥荒"的时候，兔子甚至会吃自己的粪便，以获得在粪便中未能消化的食物纤维。

tóng xué men fā xiàn tù zi dòng suī rán
同学们发现兔子洞虽然
fù zá rú mí gōng dàn jì méi yǒu tù bǎo
复杂如迷宫，但既没有兔宝
bao de yīng ér fáng yě méi yǒu chǔ
宝的"婴儿房"，也没有储
cáng shí wù de cāng kù tóng xué men
藏食物的"仓库"。同学们
zhèng nà mènr ne yǎn jiān de dīng dāng zài
正纳闷儿呢，眼尖的叮当在
yí gè dòng kǒu de guǎi jiǎo chù fā xiàn le yì
一个洞口的拐角处发现了一
duī hēi sè de xiǎo yuán qiú tù zi de
堆黑色的小圆球——兔子的
fèn biàn
粪便。

bái tù bú ài hē shuǐ
白兔不爱喝水，可同学们此时已口渴难耐。大家四处寻找

shuǐ yuán　zhōng yú zài yí chù mào mì de cǎo cóng hòu fā xiàn le yì tiáo xiǎo xī　qí yì bó shì fā
水源，终于在一处茂密的草丛后发现了一条小溪。奇异博士发

gěi měi wèi tóng xué yì zhāng lǜ zhǐ　yǐ biàn guò lǜ diào xī shuǐ zhōng de zá zhì　tóng xué men tòng yǐn
给每位同学一张滤纸，以便过滤掉溪水中的杂质。同学们痛饮

qǐ lái　shuí yě méi yǒu zhù yì dào cǎo cóng li shēn chū de yì zhī hēi zhuǎ zi
起来，谁也没有注意到草丛里伸出的一只黑爪子。

"咦，我的香肠不见了。"团团说。随后，黄豆的水果罐头找不到了，小小的笔也不见了踪影。同学们警惕起来，开始四处找寻"小贼"。威威发现了灌木丛中的一对眼睛："在这里！"大家循声望去，发现了一只狗獾！

科学大揭秘

狗獾是一种杂食性动物，生活在亚欧大陆的森林、灌木丛、田野和湖泊中。狗獾四肢短健，尾巴短小，一般在春、秋两季活动。

奇异博士发给每位同学一个"翻译器"，戴在耳朵上就能跟动物交流。狗獾先生慢慢地从灌木丛中走出来，说："抱歉，我不该拿你们的东西，但我的妻子怀孕了，我只是想给她补充点儿营养。"说着，便伸出两只黑爪子将同学们的东西还了回来。

科学大揭秘

狗獾生性凶猛，但通常不会主动攻击人类。狗獾吃草、植物根茎，庄稼丰收时还会跑到田地里偷吃粮食。有时它们也吃一些昆虫和小鱼。狗獾一般在夜间八九点钟开始活动，至黎明四五点钟回洞。

科学大揭秘

狗獾每年繁殖一次，大约在8～9月份交配，次年4～5月份产崽，每胎2～5个幼崽。幼崽1个月后才能睁开眼睛，6～7个月便开始跟着妈妈学习觅食，两三个月后便离开妈妈独立生活。

拿着吧，这些肉松很有营养！

这些是送给狗獾太太的！

tóng xué men yuán liàng le gǒu huān gǒu huān hěn
同学们原谅了狗獾。狗獾很

gǎn dòng yāo qǐng dà jiā qù tā de jiā li zuò
感动，邀请大家去它的家里做

kè gǒu huān de jiā jù lí xiǎo xī bù yuǎn dòng
客。狗獾的家距离小溪不远，洞

kǒu hěn yǐn bì cóng wài miàn kàn gǒu huān de jiā
口很隐蔽。从外面看，狗獾的家

xiàng tù zi dòng yí yàng yǒu gè chū kǒu dàn lǐ
像兔子洞一样有 3 个出口，但里

miàn kě bǐ tù zi dòng fù zá de duō rú guǒ shuō
面可比兔子洞复杂得多。如果说

bái tù de jiā shì yí gè jiǎn yì de mí gōng gǒu
白兔的家是一个简易的迷宫，狗

huān de jiā zé suàn de shàng háo huá de mí gōng
獾的家则算得上豪华的迷宫。

科学大揭秘

狗獾是群居动物，家族成员越多，洞的面积就越大。科学家曾发现一个距地面 700 多米的狗獾洞，拥有 100 多个出口和 50 多个"房间"。一年的时间里，狗獾有半年是在洞里冬眠。因此，它们乐于将自己的洞建造得安全舒适。

科学大揭秘

为了使洞内的氧气充足，狗獾会在洞内挖出一条垂直于地面的管道作为通气孔。

děng suǒ yǒu rén dōu jìn dào dòng li gǒu huān kāi shǐ yòng tǔ yǎn mái dòng kǒu
等所有人都进到洞里，狗獾开始用土掩埋洞口。

huáng dòu hěn qí guài wèn nǐ zhè shì gàn shén me
黄豆很奇怪，问："你这是干什么？"

bì miǎn dí rén wěi suí wǒ men jìn lái gǒu huān sǒng song jiān shuō
"避免敌人尾随我们进来！"狗獾耸耸肩说。

dà jiā gēn zhe gǒu huān xiàng dòng li zǒu wú lùn zǒu dào nǎ yì céng dōu huì
大家跟着狗獾向洞里走。无论走到哪一层，都会

kàn jiàn yì tiáo chuí zhí yú dì miàn de tōng dào
看见一条垂直于地面的通道。

大家首先来到一个珊瑚形的大洞，这个大洞连接着通气洞，是狗獾夫妇的卧室。卧室旁边有一个略小的房间，看起来像次卧，夫妻二人有时也在这里居住。

卧室周围有好几个大小不一的洞。团团停在了一个小洞前，这里的土好像被翻动过。这时，团团隐约闻到了一股臭味儿。

"那里是厕所！"狗獾先生说。

狗獾将干草、树枝、草根等带回洞里，铺在身下取暖，这叫作巢材。有时它们还会使用人类丢弃的塑料布。天气好的时候，它们会把巢材拿出来晾晒，跟我们晒被子一样。

看得出，狗獾先生正在为即将出生的小宝宝准备房间，因为它正在挖一个新洞。狗獾先生热情地带大家去见狗獾爷爷和狗獾奶奶。老人家的卧室比狗獾夫妇的更大，也更舒适，里面铺了很多干草、树叶和苔藓。

gǒu huān jiā zú chéng yuán rè qíng de yāo qǐng tóng xué men liú xià lái chī fàn　tóng xué men rèn wéi

狗獾家族成员热情地邀请同学们留下来吃饭。同学们认为

gǒu huān tài tai xū yào hǎo hǎo xiū xi　biàn gào cí le　gāng zǒu chū gǒu huān dòng　tóng xué men biàn kàn

狗獾太太需要好好休息，便告辞了。刚走出狗獾洞，同学们便看

jiàn yì qún yàn zi xián zhe cǎo cóng kōng zhōng fēi guò　tā men qǐ dòng fēi xíng qì　gēn le shàng qù

见一群燕子衔着草从空中飞过。他们启动飞行器，跟了上去。

燕子在搭窝！

金丝燕不是指某种鸟，而是一种鸟类的统称。金丝燕分为爪哇金丝燕、方尾金丝燕、短嘴金丝燕等若干种。

燕窝挺白的！

燕窝里似乎还有一只燕宝宝！

我不敢看，这里是悬崖啊！

这是一群金
丝燕。同学们离
燕群越来越近，
小小认出它们是
爪哇金丝燕。

爪哇金丝燕
很小，看起来也
就一根铅笔那么
长。燕群很快就
飞到了悬崖边。

与北方燕子
衔泥制成的窝
不同，爪哇金丝
燕的窝是米白色
的，中间夹杂着
一点黑色或棕
色，犹如一只半
透明的杯子。同
学们跟随着一只
爪哇金丝燕，停
在了燕窝斜上方
的一块凸起的石
头上。从这个角
度，大家可以看
到燕窝的内部。

41

wēi wei wèn qí yì bó shì　　　　pǔ tōng
威威问奇异博士："普通

de jiā yàn yì bān yòng ní zuò wō　zhǎo wā jīn
的家燕一般用泥做窝，爪哇金

sī yàn de wō shì yòng bái ní zuò de ma
丝燕的窝是用白泥做的吗？"

qí yì bó shì hā hā dà xiào dào
奇异博士哈哈大笑道：

dāng rán bú shì la　zhè bái sè de wō shì
"当然不是啦！这白色的窝是

tā men de tuò yè
它们的唾液！"

科学大揭秘

　　爪哇金丝燕喜欢将家安在海边的悬崖峭壁上。它们的唾液腺非常发达，用自己的唾液就能筑巢。开始时，雄燕和雌燕共同选址，选好后就把嘴里的黏液吐到岩壁上去。这种黏液像胶水一样黏稠，遇到空气会迅速干涸成丝状。经过无数次的吐抹，岩壁上逐渐出现一个半圆形的轮廓，然后再向上添加凸边，一层层地形成了一个肘托形的"燕窝"。这种燕窝具有很高的强度和黏着力，即使海风吹来也丝毫不会动摇。

竟_{jìng}然_{rán}有_{yǒu}人_{rén}喜_{xǐ}欢_{huan}吃_{chī}鸟_{niǎo}类_{lèi}的_{de}唾_{tuò}液_{yè}，同_{tóng}学_{xué}们_{men}觉_{jué}得_{de}不_{bù}可_{kě}思_{sī}议_{yì}。奇_{qí}异_{yì}博_{bó}士_{shì}倒_{dào}不_{bù}惊_{jīng}讶_{yà}，因_{yīn}为_{wèi}燕_{yàn}窝_{wō}中_{zhōng}确_{què}实_{shí}含_{hán}有_{yǒu}一_{yì}些_{xiē}人_{rén}体_{tǐ}所_{suǒ}需_{xū}的_{de}营_{yíng}养_{yǎng}元_{yuán}素_{sù}。

科学大揭秘

燕窝的主要营养成分是蛋白质，其中包括1种必需氨基酸（人体需要8种）、3种条件性必需氨基酸（人体需要13种）。

43

科学大揭秘

在自然界中，将巢穴搭建于岩石上的金丝燕叫作洞燕；将巢穴搭建在人工搭建的屋子当中的金丝燕叫作屋燕。屋燕相当于人工养殖。

因为燕窝具有一定的营养价值，近些年人们开始帮助金丝燕筑巢。奇异博士给同学们看了几张照片，照片上有的工人在搭建房屋，有的工人站在梯子上采摘已搭好的燕窝。

同学们对养殖基地很感兴趣，就一起向屋燕的养殖基地飞去。工人叔叔告诉他们："要保持安静，不要打扰金丝燕的生活。"同学们看到燕屋里面的天棚被特制房梁分割成大小相等的长方形，每个长方形里都整齐地排列着燕窝。

tóng xué men fā xiàn yǒu xiē jīn sī yàn zhàn lì zài qiáng
同学们发现有些金丝燕站立在墙
jiǎo huò qiáng tóu tā men sì hū bù xǐ huan dāi zài wō
角或墙头，它们似乎不喜欢待在窝
lǐ qí yì bó shì gào su dà jiā shì shí shang
里。奇异博士告诉大家："事实上，
jīn sī yàn bìng bù xū yào zài cháo xué zhōng shēng huó cháo xué
金丝燕并不需要在巢穴中 生活。巢穴
shì jīn sī yàn fū fù wèi tā men de bǎo bao zhǔn bèi de
是金丝燕夫妇为它们的宝宝准备的。"

科学大揭秘

　　燕窝是由金丝燕夫妻共同建造的，一般需要两三个月的时间。燕窝造好后，金丝燕夫妻开始交配。金丝燕妈妈产卵后会停止造窝，金丝燕爸爸则继续负责增强窝的稳固性。小金丝燕出生后，一两个月就能离巢觅食，燕窝随即停用。金丝燕每次孵化都会筑新巢。

夫妻筑巢
约两三个月

交配时间
一星期
产卵 1～2 枚

金丝燕宝宝孵化
期 两周

宝宝抚养期
一个半月

47

科学大揭秘

松鼠长得很萌，它们的祖先可以追溯到恐龙刚灭绝的时代，是地球的古老居民。

dīng dōng
"叮咚！"zhèng zài kàn yàn wō de tóng xué men tīng jiàn chuāng wài yǒu yì shēng yì xiǎng dà
正在看燕窝的同学们听见窗外有一声异响，大
jiā xún shēng zhǎo qù zài yì kē dà shù shang fā xiàn le sōng shǔ yì jiā sōng shǔ bà ba hé sōng shǔ
家循声找去，在一棵大树上发现了松鼠一家。松鼠爸爸和松鼠
mā ma tiào dào sōng shǔ bǎo bao de páng biān sōng shǔ bǎo bao yǒu diǎnr dǎn qiè de kàn zhe tóng xué men
妈妈跳到松鼠宝宝的旁边，松鼠宝宝有点儿胆怯地看着同学们。

dīng dāng fā xiàn, sōng shǔ yì
叮当发现，松鼠一
jiā suǒ zài de zhè kē shù, bìng bú shì
家所在的这棵树，并不是
sōng shù, ér shì yì kē yún shān
松树，而是一棵云杉。

科学大揭秘

松鼠生活在松树、云杉等树林中。那里食物丰富，松鼠们比邻而居。不过，也有些松鼠在城郊的小林地安家，和人类做邻居。

zhè sān zhī xiǎo sōng shǔ de jiā jiù zài zhè kē shù
这三只小松鼠的家就在这棵树

shang jiā mén zài shù gàn de xià bù yán zhe kōng shù
上。家门在树干的下部，沿着空树

gàn wǎng shàng zǒu jiù lái dào le tā men de jiā
干往上走，就来到了它们的家。

sōng shǔ de jiā li yǒu sān gè fáng jiān měi gè
松鼠的家里有三个房间，每个

fáng jiān li dōu pū zhe yì xiē shù yè huò yǔ máo
房间里都铺着一些树叶或羽毛。

下雨天就要把门关上！

科学大揭秘

有些懒惰的松鼠并不自己挖洞，而是居住在"二手房"里。这些"二手房"有的是废弃的啄木鸟树洞，有的是树木天然腐烂后形成的空树干。

měi gè fáng jiān qián miàn dōu yǒu yí gè xiǎo yuán mù
每个房间前面都有一个小圆木

piàn kàn qǐ lái hǎo xiàng yí shàn mén xiǎo sōng shǔ gào
片，看起来好像一扇门。小松鼠告

su dà jiā xià yǔ tiān jiù yào bǎ mén guān shàng
诉大家："下雨天就要把门关上。"

kōng shù gàn jì shì sōng shǔ huí jiā de bì jīng zhī
空树干既是松鼠回家的必经之

lù yě shì tā men de cāng kù měi nián qiū
路，也是它们的"仓库"。每年秋

tiān sōng shǔ huì bǎ shōu jí dào de gè lèi zhǒng zi
天，松鼠会把收集到的各类种子

chǔ cún dào zhè lǐ
储存到这里。

一粒种子的世界

这是芝麻吧？

sōng shǔ yì jiā kàn qǐ lái shí fēn qín láo
松鼠一家看起来十分勤劳，
yīn wèi shù gàn li chǔ cún le hěn duō xíng zhuàng gè yì
因为树干里储存了很多形状各异
de zhǒng zi yǒu yuán xíng de biǎn yuán xíng de
的种子，有圆形的、扁圆形的、
tuǒ yuán xíng de shuǐ dī xíng de shèn zhì hái yǒu
椭圆形的、水滴形的，甚至还有
zhǎng máo de dài dào gōu de děng
长毛的、带倒钩的等。

"咦，那是什么？" 威威疑惑地问。

同学们顺着他的目光看去，发现在一堆种子中间，有一些芝麻大小的种子。

它的个头儿可真小！

咦，那是什么？

科学大揭秘

种子是植物特有的生殖器官。它们好像一个个尚未发育的宝宝，只要在合适的条件下，就能够发育成一株植物。

科学大揭秘

凤仙花又称指甲花，开花时颜色鲜艳，有粉红色、大红色、紫色等。

xiǎo xiao fān zhǎo zhe bǐ jì rán hòu xīng fèn de shuō
小小翻找着笔记，然后兴奋地说：

shì fèng xiān huā de zhǒng zi
"是凤仙花的种子！"

爱美的团团想了想问："是那种可以染指甲的花吗？"奇异博士点了点头。女孩子们很兴奋，她们很想试试用花染指甲。

科学大揭秘

古代的女人很爱美。那时候化学工业不发达，人们就从自然界中寻找可用的材料。凤仙花的花瓣中含有天然红棕色素，在古老的印度、中国、非洲等地，人们使用它的汁液染指甲。据记载，埃及艳后还用它来染头发。

tóng xué men wā le yí gè tǔ kēng jiāng xiǎo zhǒng zi mái le jìn qù cǐ shí dà jiā pò bù
同学们挖了一个土坑，将小种子埋了进去。此时，大家迫不

jí dài de xiǎng kàn kan zhè kē zhǒng zi rú hé biàn huà yú shì qí yì bó shì cóng dì èr pái de mǎ
及待地想看看这颗种子如何变化。于是，奇异博士从第二排的马

jiǎ kǒu dai zhōng tāo chū le yí gè cí dài mú yàng de jī qì shàng miàn xiě zhe shí guāng chuān suō jī
甲口袋中，掏出了一个磁带模样的机器，上面写着"时光穿梭机"。

bó shì xuán zhuǎn àn niǔ   jiāng shí jiān tiáo zhěng dào   tiān hòu
博士旋转按钮，将时间调整到 2 天后。

shùn jiān   tóng xué men de yǎn qián biàn chū xiàn le   yì kē xiǎo nèn yá
瞬间，同学们的眼前便出现了一棵小嫩芽。

bó shì zài cì xuán zhuǎn àn
博士再次旋转按

niǔ   jiāng shí jiān tiáo zhěng dào
钮，将时间调整到 7

tiān hòu   shùn jiān   nèn yá biàn
天后。瞬间，嫩芽变

chéng le yì zhū xiǎo miáo
成了一株小苗。

博士又旋转按
钮，将时间调整到
两个月后。

此时，同学们
看到凤仙花长成
了根茎粗壮、长满
花苞的植物。他们
看着花骨朵儿慢慢
开放，五颜六色的
花儿十分漂亮。

博士继续旋转
按钮，将时间调整
到两个半月后。

这次，同学们
看到凤仙花枝上
长出了一些绿色的
纺锤形果实。

一株凤仙花分为根、茎、叶、花、果实和种子六个部分。

叶

花

茎

果实

根

huáng dòu shēn shǒu pèng le yí
黄豆伸手碰了一
xià lí tā zuì jìn de nà ge guǒ
下离他最近的那个果
shí　　　pā　de yì shēng guǒ
实，"啪"的一声，果
bàn jí xiàng nèi zhuǎn　hǎo xiàng yí
瓣急向内转，好像一
bǎ dàn gōng bǎ zhǒng zi shè xiàng sì
把弹弓把种子射向四
miàn bā fāng　　nà dì shang de zhǒng
面八方。那地上的种
zi　　bú jiù shì mái xià qù de nà
子，不就是埋下去的那
lì zhǒng zi de mú yàng ma
粒种子的模样吗？

59

dīng dāng yì biān guān chá fèng xiān huā yì biān wèn qí yì bó shì suǒ yǒu de zhí wù dōu
叮当一边观察凤仙花一边问奇异博士："所有的植物都

kāi huā ma
开花吗？"

qí yì bó shì xiào zhe huí dá bú shì zhí wù fēn wéi dī děng zhí wù hé gāo děng
奇异博士笑着回答："不是。植物分为低等植物和高等

zhí wù suǒ yǒu kāi huā de zhí wù dōu shì gāo děng zhí wù
植物。所有开花的植物都是高等植物。"

科学大揭秘

植物分为低等植物和高等植物，主要区别在于高等植物具有营养器官（根、茎、叶）和生殖器官（花、果实、种子）。而低等植物一般没有根、茎、叶的分化，它们的形态、结构和生活方式比较简单。

名称	分类	别名	代表植物
低等植物	藻类、菌类和地衣	无胚植物	银耳 菌灵芝 蘑菇
高等植物	苔藓植物、蕨类植物和种子植物	有胚植物	凤仙花 地钱 苔藓

^{tuán tuan fā xiàn} ^{zài hóng sè de huā bàn zhōng} ^{yǒu yì diǎn huáng sè de fěn mò} ^{xiǎo xiao}
团团发现，在红色的花瓣中，有一点黄色的粉末。小小

^{shuō} ^{zhè jiào huā fěn}
说，这叫花粉。

科学大揭秘

植物要想结成果实，就必须要完成授粉。植物授粉可分为自花授粉和异花授粉。

简单来说，自花授粉是一朵花的花粉落到同一朵花雌蕊柱头上，如小麦、大豆等。

有些植物的雄蕊和雌蕊不长在同一朵花里，甚至不长在同一株植物上，雄花必须授粉给另一朵的雌蕊，这叫作异花授粉，如杨树、桃树等。

zhí wù bú xiàng dòng wù　　kě yǐ suí yì yí dòng　　tā men yào wán chéng shòu fěn wǎng wǎng xū

植物不像动物，可以随意移动，它们要完成授粉往往需

yào jiè zhù wài lì

要借助外力。

fēng méi　　kào fēng lì

风媒：靠风力

chuán sòng huā fěn　　rú yáng

传送花粉，如杨

shù　　huà shù děng

树、桦树等。

chóng méi　　kào mì fēng　　hú

虫媒：靠蜜蜂、蝴

dié děng kūn chóng chuán sòng huā fěn　　rú

蝶等昆虫传送花粉，如

shǔ wěi cǎo　　lán méi děng

鼠尾草、蓝莓等。

shuǐ méi　　kào shuǐ lì

水媒：靠水力

chuán sòng huā fěn　　rú hēi

传送花粉，如黑

zǎo　　shuǐ biē děng

藻、水鳖等。

niǎo méi　　kào niǎo lèi chuán

鸟媒：靠鸟类传

sòng huā fěn　　rú hán xiū cǎo

送花粉，如含羞草、

cháng tǒng huā děng

长筒花等。

tuán tuan hé xiǎo xiao xiàng qí yì bó shì yào le yì xiē míng fán hé yí gè yòng yú dǎo suì de
团团和小小向奇异博士要了一些明矾和一个用于捣碎的

wǎn jiāng fèng xiān huā bàn dǎo chéng hóng sè de zhī yè tú mǒ dào le zhǐ jia shang gè xiǎo shí
碗，将凤仙花瓣捣成红色的汁液涂抹到了指甲上。3个小时

hòu tā men de zhǐ jia shang chū xiàn le piào liang de hóng sè liǎng gè nǚ háir huān hū què yuè
后，她们的指甲上出现了漂亮的红色。两个女孩儿欢呼雀跃，

nán hái zi men dōu guò lái wéi guān
男孩子们都过来围观。

就在同学们欣赏着指甲上的鲜艳颜色时，危机悄然降临：一条蛇从草丛中钻了出来。小小吓得打翻了凤仙花汁，团团尖叫着抱住了头，黄豆吓得撒腿就跑……奇异博士喊道："快钻进凤仙花丛中！"就在同学们大气都不敢喘的时候，巨蛇吐了吐信子，掉头走了。蛇竟然怕凤仙花！

65

我国的中药学博大精深，主要由植物药、动物药和矿物药组成。植物药占中药的大多数，因此中药也称中草药。凤仙花属于植物药的一种，它的根、茎和种子都可以入药，主要的功效是活血化瘀、杀菌止痛，可以外用，也可以内服。

jù shé zǒu yuǎn le　　tóng xué men cháng xū le yì kǒu qì　　fèng xiān huā suī rán yǒu yí dìng de
巨蛇走远了，同学们长吁了一口气。凤仙花虽然有一定的

dú xìng　　dàn yě shì yí wèi bú cuò de zhōng cǎo yào
毒性，但也是一味不错的中草药。

qí yì bó shì jiāng shí guāng dào liú dào xiàn zài
奇异博士将时光倒流到现在

de shí jiān bìng bǎ dà jiā biàn huí le yuán lái de dà
的时间，并把大家变回了原来的大

xiǎo tóng xué men yì biān zuò zhe bǐ jì yì biān fān
小。同学们一边做着笔记，一边翻

yuè zhe shū cǐ kè tuán tuán cóng kǒu dai li fān chū
阅着书。此刻，团团从口袋里翻出

yí gè píng guǒ kěn yǎo zhe zhōng jiān de jǐ lì hēi sè
一个苹果啃咬着，中间的几粒黑色

zhǒng zi diào le chū lái
种子掉了出来。

科学大揭秘

苹果是一种营养价值高、热量低的水果，富含矿物质、维生素和钙质等。它们长在苹果树上。刚产果的小树只能结几个苹果，但随着树龄的增长，一棵树可以结几百个苹果。

tóng xué men rèn wéi   zhǐ yào shì zhǒng zi   jiù huì kāi huā jiē
同学们认为，只要是种子，就会开花结

guǒ   yú shì biàn yào jiāng píng guǒ zǐ mái jìn tǔ li   qí yì bó shì
果，于是便要将苹果籽埋进土里。奇异博士

bìng bú rèn wéi zhè lǐ shì hé píng guǒ zhǒng zi shēng zhǎng   yīn wèi zhè lǐ
并不认为这里适合苹果种子生长，因为这里

de tǔ rǎng shí fēn pín jí   guāng zhào yě bù chōng zú
的土壤十分贫瘠，光照也不充足

科学大揭秘

植物生长需要具备五大要素: 阳光、温度、水分、空气和土壤。

听说植物生长的必备条件都来自于大自然，团团想了
想说："即使我们回到古代，也有水果可以吃喽！"

"当然！"奇异博士肯定地回答道。

科学大揭秘

先秦时期的《诗经》中就记载了不少水果，如桑葚、桃、李、梅子、木瓜等。有一些水果的名称一直沿用下来；还有一些水果的名称发生了变化，比如沙果在古代被称为"奈（nài）子"。

奇异博士说："古人种植果树也很有一套呢！"

科学大揭秘

移栽果树：《齐民要术》记载，移栽前后，果树的阴阳面不能变，阳面仍旧朝阳，阴面仍旧向阴，以此提高存活率。

阳面

阴面

科学大揭秘

施肥：古人会用发酵后的粪土作为果树的肥料，还会将动物的尸体作为肥料。

科学大揭秘

防冻害：古人在果园里点燃杂草、树叶，用带有温度的浓烟给果树"取暖"。有时还直接用杂草将果树包裹起来。

科学大揭秘

提高坐果率：古人会拿着一根棍子敲打树干，这样不太好的果子会掉下来，剩下的好果子能更好地长大。

想一想：下面哪些蔬菜是深埋于地下的？

胡萝卜

洋葱

白菜

大蒜

黄瓜

xiǎo xiao kàn zhe zhèng zài chī shǔ
小小看着正在吃薯
piàn de tuán tuan shuō　　　kàn lái
片的团团说："看来，
nǐ gèng ài chī zhǎng zài dì li de guǒ
你更爱吃长在地里的果
shí 　　　　qí yì bó shì gǎn jǐn jiū
实！"奇异博士赶紧纠
zhèng dào 　　　mǎ líng shǔ bú shì guǒ
正道："马铃薯不是果
shí 　ér shì zhí wù de jīng
实，而是植物的茎。"

科学大揭秘

土豆、山药等深埋于地下，它们不是植物的果实，而是植物茎的一种变态。

“哦……”同学们恍然
大悟，原来我们常吃的土豆
不是果实，而是植物的茎啊！

人类是很聪明的，只挑
植物最美味的部分吃。有的植
物只吃根，有的植物只吃茎，
有的植物吃叶子，有的植物
专吃花，有的植物吃果实，
还有的植物吃种子。

连连看：

你知道该吃植物的哪部分吗？

芋头、山药	吃种子
白菜、生菜	吃果实
黄花菜、花椰菜	吃茎
南瓜、番茄	吃花
花生、豌豆	吃叶

团团歪着脑袋问："植物除了能吃之外，对我们还有哪些好处呢？"

奇异博士提出了四个问题：

"校园里的花花草草是不是很漂亮？

森林中的空气是不是特别好呢？

我们呼吸的氧气是从哪里来的呢？

科学大揭秘

对我们来说，植物具有美化环境、改善环境、调节气候和增加经济收入等好处。

74

yǒu hěn duō zhí
有很多植
wù shì bú shì kě yǐ
物是不是可以
zhì bìng ne
治病呢？”

bú guò wǒ tīng shuō yǒu xiē zhí wù shì chī
"不过，我听说有些植物是吃
yíng chóng de dīng dāng shuō
蝇虫的。"叮当说。

科学大揭秘

　　1875 年，查尔斯·达尔文发表了第一篇关于植物吃虫子的论文，提出漂亮的茅膏菜捕食小昆虫的观点，遭到了当时很多植物学家的愤怒抵制。不过事实证明，达尔文的观点是十分正确的。

máo gāo cài shì shí chóng zhí wù de yí lèi　　tā men xíng tài gè yì　　máo gāo cài gēn xì bú gòu fā
茅膏菜是食虫植物的一类，它们形态各异。茅膏菜根系不够发

dá　　yīn cǐ kào bǔ shí kūn chóng lái mí bǔ qí dàn sù yǎng fèn de bù zú　　máo gāo cài de yè piàn shang
达，因此靠捕食昆虫来弥补其氮素养分的不足。茅膏菜的叶片上

shēng mǎn xiàn máo　　xiàn máo néng fēn mì nián yè　　dāng xiǎo chóng zi luò dào yè zi shang shí bèi zhān zhù　　tā
生满腺毛，腺毛能分泌黏液。当小虫子落到叶子上时被粘住，它

mǐn gǎn de xì máo huì lì kè wān qū　　jiāng chóng zi jǐn jǐn bāo guǒ　　tóng shí fēn mì chū dàn bái méi xiāo
敏感的细毛会立刻弯曲，将虫子紧紧包裹，同时分泌出蛋白酶消

huà tā men　　děng bǎ chóng zi xiāo huà xī shōu hòu　　yè piàn chóng xīn dǎ kāi　　děng dài xīn de liè wù
化它们。等把虫子消化吸收后，叶片重新打开，等待新的猎物。

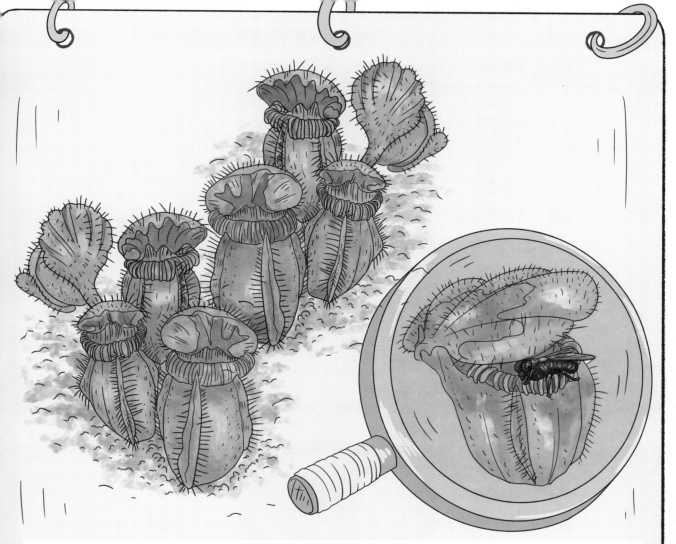

土瓶草也是一种食虫植物，它有两片叶子，一片和普通植物的叶子一样进行光合作用，另一片像瓶罐子的叶子专门捕虫。"瓶罐子"的上面有一个盖子，防止雨水流入，里面装满了消化液。

当猎物看到"瓶盖"上的两道紫色斑纹时，误以为里面有蜜汁，就会爬进去。这时，猎物掉入消化液中溺死。昆虫尸体经分解被瓶内的腺体吸收。

奇异博士从马甲的口袋中拿出几张肉食植物的档案，发给大家。

1.捕蝇草

名　称：捕蝇草

家　乡：北美洲

撒手锏：捕虫夹

说明：原产于北美洲的捕蝇草非常有趣。它的茎很短，在叶的顶端长有一个酷似贝壳、能分泌蜜汁的捕虫夹。当有小虫闯入时，它能以极快的速度将其夹住。

2.彩虹草

名　称：彩虹草（腺毛草）

家　乡：澳大利亚等地

撒手锏：让小虫窒息的黏液

说明：彩虹草的叶子表面覆盖黏液，在阳光的照射下五颜六色。小虫落在它的身上时，气孔会被黏液堵塞，最终窒息而亡。随后，叶面分泌消化液直接将小虫消化吸收。

3.狸藻

名　称：狸藻

家　乡：北半球温带地区的湖泊、池塘等

撒手锏：吸入陷阱

说明：狸藻的捕虫囊由叶柄、囊壁、触须、具刚毛的门、入口和腺毛组成。一旦有昆虫触碰门口的刚毛，门就会打开并释放负压，将昆虫和水一起吸入捕虫囊中。

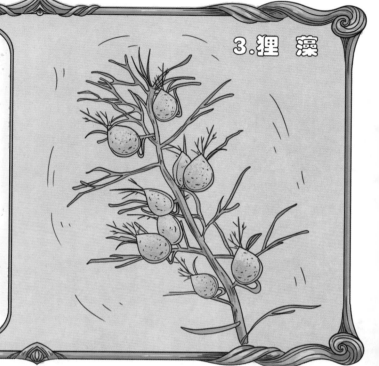

4.猪笼草

名　称：猪笼草

家　乡：热带地区

撒手锏：捕食笼

说　明：猪笼草因长有一个猪笼形状的捕食笼而得名。它能分泌一种特殊香气，引诱猎物。当猎物靠近时，光滑的笼壁会让它们如滑雪一样滑入充满分泌液的笼子中溺死。

tóng xué men fā xiàn　　zhè xiē shí chóng zhí wù cóng wài biǎo kàn qǐ lái dōu shí fēn guāng xiān yàn lì　dà
同学们发现，这些食虫植物从外表看起来都十分光鲜艳丽，大

duō shēng zhǎng zài shí fēn pín jí de tǔ rǎng zhōng　　yóu yú tǔ rǎng zhōng quē shǎo zhí wù shēng zhǎng suǒ bì xū de
多生长在十分贫瘠的土壤中。由于土壤中缺少植物生长所必需的

dàn yuán sù　　wèi le shēng cún　　zhí wù jiù huì jìn huà chū yì xiē néng gòu bǔ zhuō kūn chóng de gōng néng
氮元素，为了生存，植物就会进化出一些能够捕捉昆虫的功能。

xī yáng xī xià　　tóng xué men biàn huí le yuán lái
夕阳西下，同学们变回了原来
de dà xiǎo　　jié shù le yì tiān de lǚ chéng
的大小，结束了一天的旅程。
yí lì zhǒng zi de shì jiè shì duō me duō zī
一粒种子的世界是多么多姿
duō cǎi a　　tóng xué men bèi shēn shēn xī yǐn le
多彩啊！同学们被深深吸引了。

都是病毒惹的祸

jīn tiān shì xué xiào dà sǎo chú de rì zi　　tóng xué men yǒu de sǎo dì　　yǒu de cā bō
今天是学校大扫除的日子，同学们有的扫地，有的擦玻

li　　hái yǒu de cā chuāng hu　　máng de bú yì lè hū
璃，还有的擦窗户，忙得不亦乐乎。

有"绿毛怪"！

zhèng zài sǎo dì de tuán tuan zài jiǎo luò li fā xiàn le yì tuán lù sè de máo róng róng de dōng xi xià
正在扫地的团团在角落里发现了一团绿色的毛茸茸的东西，吓

de jiān jiào qǐ lái tóng xué men xùn sù wéi le guò lái yì qǐ guān chá zhè ge máo róng róng de guài wù
得尖叫起来。同学们迅速围了过来，一起观察这个毛茸茸的怪物。

qí yì bó shì zhèng hǎo cóng chuāng wài jīng guò　　tā bān zhe gāng gāng gòu zhì de xīn shè bèi　xīn qíng
奇异博士正好从窗外经过。他搬着刚刚购置的新设备，心情

hěn hǎo　　　kàn shén me ne　　　qí yì bó shì wèn
很好。"看什么呢？"奇异博士问。

tuán tuan yòng shǒu zhǐ le zhǐ jiǎo luò li de　　lǜ máo guài
团团用手指了指角落里的"绿毛怪"。

84

qí yì bó shì yí kàn yuán lái zhè shì yí kuài
奇异博士一看，原来这是一块

fā méi de miàn bāo
发霉的面包。

发霉，是食物因滋生霉菌而变质、变色的现象。日常生活中，常见的水果、面包等食物因放置的时间过长会长出绿毛或白毛，就是霉变。

85

叮当觉得这个"绿毛怪"长得挺可爱，想要伸手触碰，却被奇异博士制止了。

"绿毛怪"会伤害你！

"霉菌究竟长什么样呢?"

"霉菌是如何繁殖的呢?"

"霉菌对人体有什么危害呢?"

同学们七嘴八舌地问道。

奇异博士在马甲的口袋里翻找着。

tóng xué men zhàn zài suō xiǎo yí de guāng quān zhōng　　shùn jiān biàn de hěn xiǎo　　qí yì bó shì
同学们站在缩小仪的光圈中，瞬间变得很小。奇异博士

fā gěi měi wèi tóng xué yí jiàn fáng dú fú　　màn màn zǒu jìn　　lù máo guài
发给每位同学一件防毒服，慢慢走近"绿毛怪"。

tóng xué men zǒu zài lǜ sè de dà sēn lín li
同学们走在绿色的大森林里，

jūn sī zài tóng xué men yǎn qián biàn chéng le cān tiān dà
菌丝在同学们眼前变成了参天大

shù yǒu xiē jūn sī duàn liè le duàn liè chù zhǎng
树。有些菌丝断裂了，断裂处长

chū le yì xiē tǒng zhuàng de xiǎo bāo qí yì bó shì
出了一些筒状的小包。奇异博士

shuō zhè jiào zuò jié bāo zǐ tā men hǎo xiàng zhí wù
说这叫作节孢子。它们好像植物

de zhǒng zi bú duàn fán zhí xīn de méi jūn
的种子，不断繁殖新的霉菌。

tóng xué men fā xiàn méi jūn fán zhí de hěn
同学们发现霉菌繁殖得很
kuài sì hū zhè lǐ de huán jìng zhèng shì hé tā
快，似乎这里的环境正适合它
men shēng zhǎng
们生长。

科学大揭秘

霉菌要想繁殖，需要有一定的水分、适宜的温度和充足的营养。

我们看到的霉菌，是菌丝发展成型的样子。在它的周围，我们肉眼看不到的地方已经遍布霉菌啦！因此，只要食物发霉了，就要直接扔掉，千万不能吃！

团团问："把面包发霉的地方去掉，是不是就可以吃啦？"

奇异博士说："节约是好习惯，但发霉的食物千万不要吃！"

霉菌怕高温或低温，怕干燥，怕缺氧，怕紫外线。

"霉菌中的毒素对人和动物都有伤害，轻则致病，重则致死，我们可千万不要轻视霉菌的杀伤力！"奇异博士叮嘱道。不过，对付霉菌也不是没有办法。

科学大揭秘

毫不夸张地说，霉菌无处不在，我们肉眼看到的霉菌只是冰山一角，是霉菌向周围的空气中释放出的百万个微小的孢子。你吸入的空气中，你触碰的桌面上，你倚靠的墙壁上，到处都有霉菌。霉菌生存于湿润温暖的环境中，但孢子几乎可以生存于任何环境中。只要条件适宜，它就会疯狂繁殖，变成我们肉眼可见的霉菌。

"有一些人对霉菌过敏，会感觉鼻塞和眼睛发痒。"奇异博士说道，"但霉菌也并不是一无是处。"

霉菌有什么用处呢？
有一些霉菌在食品生产过程中发挥着重要作用，比如做奶酪、做豆瓣酱等。

95

tóng xué men jì xù xiàng qián zǒu，kàn dào le yán
同学们继续向前走，看到了颜
sè gè yì de méi jūn，yǒu bái sè de、huī lǜ sè
色各异的霉菌，有白色的、灰绿色
de、hóng sè de
的、红色的……

科学大揭秘

霉菌在生长的过程中会改变颜色，灰绿色的霉菌通常是青霉素。

96

qí yì bó shì zhǐ zhe
奇异博士指着
yí kuài huī lù sè de méi jūn
一块灰绿色的霉菌
shuō   jiù shì tā wǎn jiù le
说："就是它挽救了
wú shù rén de shēng mìng
无数人的生命。"

科学大揭秘

1928 年，英国细菌学家弗莱明由于一个偶然的机会发现了一种青霉菌，它可以杀死大量有害细菌，他在进一步的实验中提取出青霉素。后来，青霉素被广泛应用于医疗领域。

霉菌知识小问答

1. 高温能杀死霉菌吗？

高温能杀死一部分霉菌，但对于有些霉菌和毒素并不奏效，比如展青霉素。

2. 哪些霉变的食物容易引起中毒？

霉变的花生、瓜子等坚果中容易产生黄曲霉素，这是世界公认的致癌毒素哦！

méi jūn shì zhēn jūn de yì zhǒng　　nà qí tā de zhēn jūn zhǎng shén me yàng ne　　　xiǎo xiǎo
"霉菌是真菌的一种，那其他的真菌长什么样呢？" 小小

biān wèn biān zuò bǐ jì
边问边做笔记。

科学大揭秘

真菌是具有真核的、产孢的、无叶绿体的真核生物，包括霉菌、酵母和菌菇类等。几乎所有的生物中都有真菌存在。

霉菌

酵母

菌菇类

^{zhēn jūn shì wēi shēng wù wáng guó zhōng zuì dà zuì nián qīng de jiā zú bǐ xì jūn wǎn dàn}
真菌是微生物王国中最大、最年轻的家族，比细菌晚诞

^{shēng yuē yì nián mó gu shì zuì cháng jiàn de zhēn jūn}
生约 10 亿年。蘑菇是最常见的真菌。

科学大揭秘

真菌与动物不同，它们不通过食物吸收养分，而是直接消化吸收食物释放出的营养。蘑菇是萌芽于地下的真菌，它们使真菌能够到处传播，而地下部分的真菌则专心收集食物。

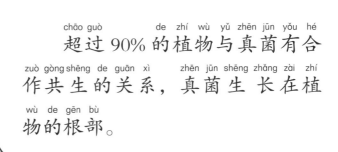

chāo guò　　　　de zhí wù yǔ zhēn jūn yǒu hé
超过 90% 的植物与真菌有合

zuò gòng shēng de guān xì　　zhēn jūn shēng zhǎng zài zhí
作共生的关系，真菌生长在植

wù de gēn bù
物的根部。

科学大揭秘

　　蘑菇有的大有的小，有红色的，有白色的，有棕色的，无论它们长什么样，大都由菌柄、菌盖、菌褶、菌环、菌丝、孢子等部分组成。

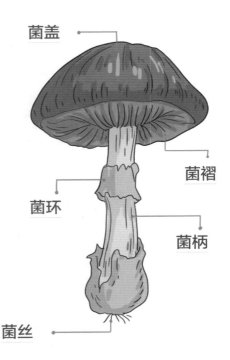

菌盖

菌褶

菌环

菌柄

菌丝

qí yì bó shì shǐ yòng fàng dà qì jiāng tóng xué men biàn huí yuán lái de dà xiǎo tóng xué men tuō

奇异博士使用放大器将同学们变回原来的大小。同学们脱

diào le fáng dú fú gǎn jué fèn wài qīng sōng dà jiā yì qǐ lái dào le mó gu zhòng zhí jī dì

掉了防毒服，感觉分外轻松。大家一起来到了蘑菇种植基地。

科学大揭秘

有些蘑菇味道鲜美，有些则有着难闻的化学气味，甚至含有致命毒素。

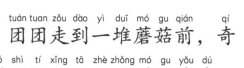

tuán tuan zǒu dào yì duī mó gu qián qí
团团走到一堆蘑菇前，奇
yì bó shì tí xǐng tā zhè zhǒng mó gu yǒu dú
异博士提醒她这种蘑菇有毒。

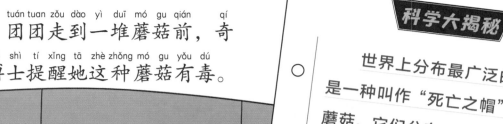

科学大揭秘

　　世界上分布最广泛的毒蕈是一种叫作"死亡之帽"的毒蘑菇，它们分布于北半球的林地中，只要误食一口就将送命。更可怕的是，"死亡之帽"的毒素一般 12 个小时后才发作。不过，毒蕈对鼻涕虫的健康毫无影响，是鼻涕虫口中的美味。

毒蕈（xùn）。

它叫什么名字？

"真菌这么可怕啊！"团团看着这些蘑菇吓得倒退了几步。

"不要怕，真菌并不都是凶神恶煞。能够引起人类疾病的真菌并不多，大多数很友好。"奇异博士安慰道。

科学大揭秘

据科学家统计，已经发现的真菌种类大约有5万种，但估计只占真菌的很少部分。在已知的真菌中，能够引起人类疾病的不到200种，绝大多数真菌是对人有益的。

hěn duō zhēn jūn yǔ dòng zhí wù shì xíng yǐng bù lí de hǎo
"很多真菌与动植物是形影不离的好
péng you guān xì mì qiè dào kě yǐ tóng shēng gòng sǐ qí
朋友，关系密切到可以同生共死。"奇
yì bó shì de zhè fān huà zhuó shí lìng tóng xué men gǎn dào jīng yà
异博士的这番话着实令同学们感到惊讶。

^{xiǎo xiao jì de shàng cì zuò miàn bāo de shí hou　　mā ma zài}
小小记得上次做面包的时候，妈妈在

^{miàn fěn zhōng jiā rù le yì zhǒng zhēn jūn　　nà zhǒng jūn huì shǐ miàn tuán}
面粉中加入了一种真菌。那种菌会使面团

^{xùn sù fā jiào　　zuò chū de miàn bāo gèng jiā péng sōng}
迅速发酵，做出的面包更加蓬松。

问题：你知道制作面食时加入的菌叫什么吗？

酵母菌是真菌的一种。松软可口的馒头、香气扑鼻的面包，都是靠酵母菌的帮助才制作出来的。酵母菌还可以做成药片，当你消化不良时，酵母菌片会到达胃里将不易消化的食物统统"吃"掉。

科学大揭秘

悬浮在空气中的花粉、霉菌、尘螨等微生物，都有可能让人产生过敏，比如打喷嚏、长出荨麻疹或流眼泪等。

zhèng shuō huà jiān　　dīng dāng lián xù dǎ le jǐ gè dà
正说话间，叮当连续打了几个大
pēn tì　sǎng zi shùn jiān zhǒng zhàng le qǐ lái　qí yì bó
喷嚏，嗓子瞬间肿胀了起来。奇异博
shì jiàn zhuàng gǎn jǐn cóng mǎ jiǎ de kǒu dai li fān zhǎo chū yì
士见状赶紧从马甲的口袋里翻找出一
zhǒng bái sè de xiǎo yào piàn　　　guò mǐn yào
种白色的小药片——过敏药。

科学大揭秘

尘螨的粪便及其身体掉下的屑片混入灰尘中，一旦被人们吸入体内，就会引发打喷嚏、流眼泪等过敏症状。

qí yì bó shì qǔ chū wēi shēng wù fēn xī yí dī
奇异博士取出微生物分析仪，"嘀
dī dī dī fēn xī yí shōu jí zhōu wéi de kōng qì bìng jìn xíng
嘀，嘀嘀"，分析仪收集周围的空气并进行
fēn xī yuán lái shì zhè lǐ de chén mǎn dǎo zhì le dīng dāng guò mǐn
分析。原来是这里的尘螨导致了叮当过敏。

小小发现，微生
物分析仪中还有一些
比霉菌小的东西，而
且数量也不少，奇异
博士说它们叫"细菌"。

真菌和细菌都是"菌"。

科学大揭秘

　　真菌和细菌都属于微生物，但两
者却完全不同。简单来说，细菌是由
单个细胞构成的，一般个头儿很小；
真菌既有单细胞的也有多细胞的，个
头儿一般较大。

zhēn jūn hé xì jūn de jiā zú chéng yuán yě bù tóng
真菌和细菌的家族成员也不同。

它们叫"细菌"。

zhēn jūn shì wēi shēng wù wáng
真菌是微生物王
guó zhōng zuì dà de jiā zú yǒu
国中最大的家族，有
jiào mǔ jūn méi jūn hé dà xíng
酵母菌、霉菌和大型
zhēn jūn děng
真菌等。

xì jūn jiā zú de chéng yuán
细菌家族的成员
kě àn xíng zhuàng qū bié zhǔ yào
可按形状区别，主要
yǒu qiú jūn gǎn zhuàng xì jūn hé
有球菌、杆状细菌和
luó xuán zhuàng xì jūn děng
螺旋状细菌等。

111

威威若有所思，说道："真菌和细菌都长得很小，需要用显微镜才能看到，所以它们被称作微生物。"

奇异博士表扬了威威举一反三的能力，不过他补充道："在微生物世界里，还有一种很可怕的'小东西'——病毒。"

病毒

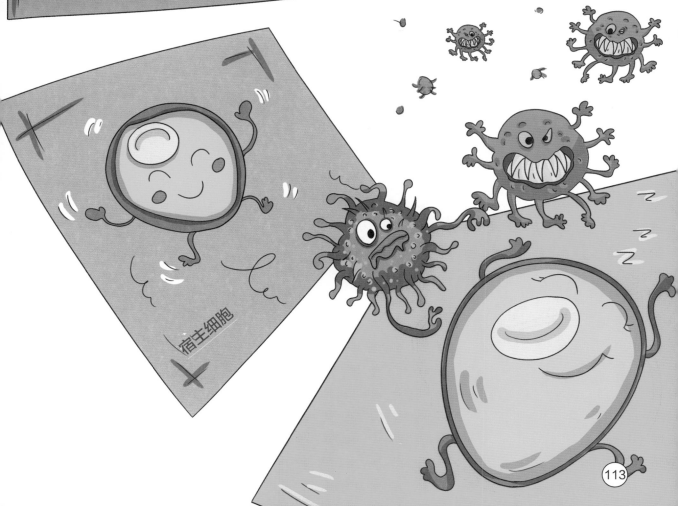

宿主细胞

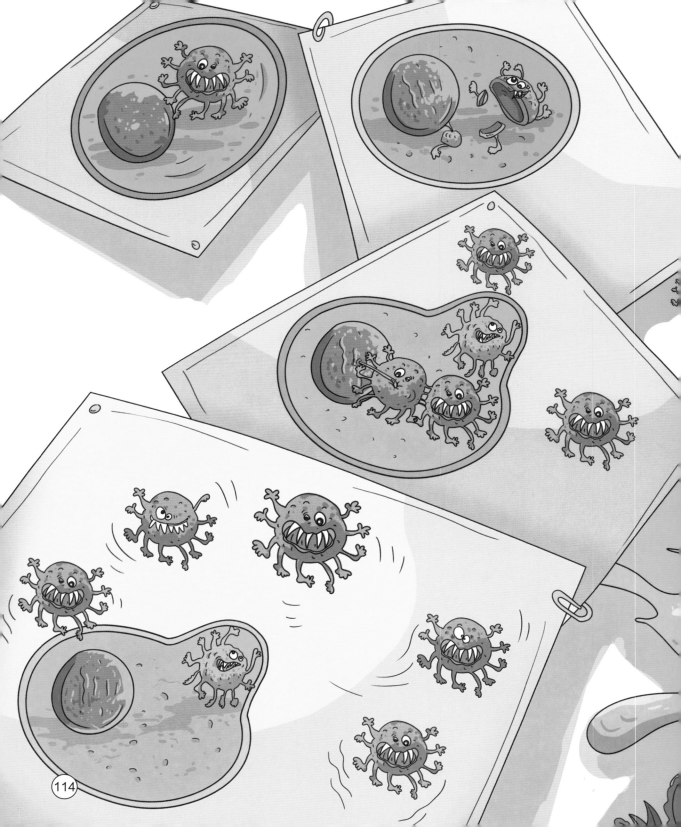

你知道吗？病毒的传播与气候和环境紧密相关。比如，气候变暖会使某些病毒存活的时间更长，水源变化有可能导致家禽感染野生动物身上的病毒，降雨可将病毒传播得更广。

科学大揭秘

公元 16 世纪，一群人首次登上墨西哥的一座小岛，但没过多久，这批居民就全部从岛上"消失"了。后来，科学家们发现，他们因感染了一种传染病毒而全部死亡。这种病毒来自于老鼠，被命名为"汉江"病毒。

奇异博士告诉同学们，人类对于病毒的探索处于初步阶段，至今也不过一百多年的历史。

tōng guò jiē zhòng yì miáo kě yǐ tí gāo rén tǐ
通过接种疫苗可以提高人体
duì kàng bìng dú de néng lì dàn kē xué jiā réng duì
对抗病毒的能力，但科学家仍对
yì xiē bìng dú shù shǒu wú cè xiàn zài tóng xué
一些病毒束手无策。现在，同学
men yào gǎn kuài huí dào xué xiào zuò hǎo jiē zhòng yì
们要赶快回到学校，做好接种疫
miáo de zhǔn bèi
苗的准备。

科学大揭秘

疫苗的原理：

生物学家提取病原（细菌、病毒等），杀死或减弱病原毒性，将处理后的病原注射到人体，使免疫系统形成抗原。人体一旦接触真正的病原时，具有战斗经验的免疫系统就可以彻底打败它们。

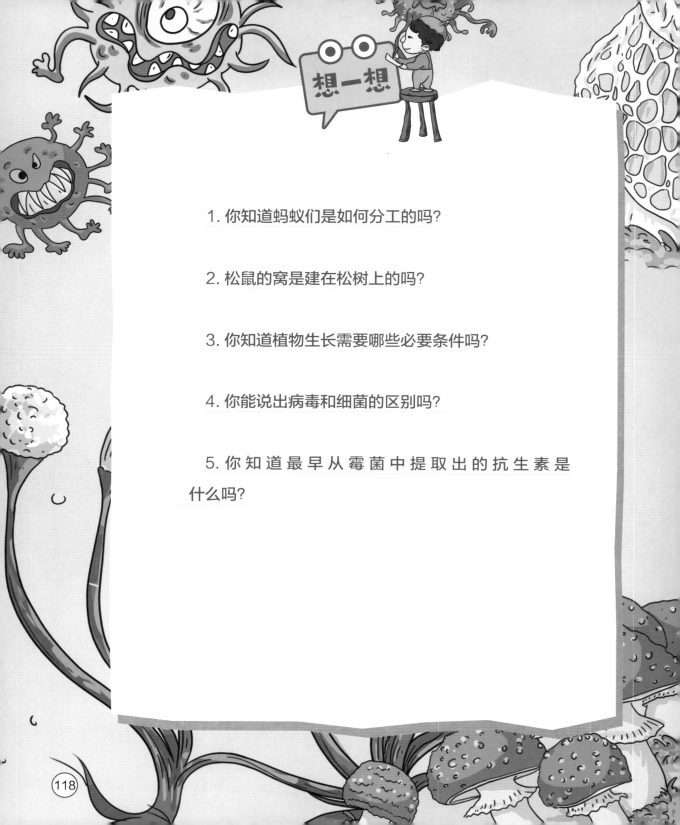

1. 你知道蚂蚁们是如何分工的吗?

2. 松鼠的窝是建在松树上的吗?

3. 你知道植物生长需要哪些必要条件吗?

4. 你能说出病毒和细菌的区别吗?

5. 你知道最早从霉菌中提取出的抗生素是什么吗?

写给孩子的
科学启蒙课

我们的身体真奇妙

刘鹤◎主编　麦芽文化◎绘

扫码点目录听本书

应急管理出版社

·北京·

图书在版编目（CIP）数据

我们的身体真奇妙/刘鹤著；麦芽文化绘 . －－北京：
应急管理出版社，2021
（写给孩子的科学启蒙课）
ISBN 978－7－5020－9182－8

Ⅰ. ①我… Ⅱ. ①刘… ②麦… Ⅲ. ①人体—儿童读
物 Ⅳ. ①R32－49

中国版本图书馆 CIP 数据核字（2021）第 240551 号

我们的身体真奇妙（写给孩子的科学启蒙课）

著　　者	刘　鹤
绘　　画	麦芽文化
责任编辑	高红勤
封面设计	岳贤莹

出版发行	应急管理出版社（北京市朝阳区芍药居 35 号　100029）
电　　话	010－84657898（总编室）　010－84657880（读者服务部）
网　　址	www. cciph. com. cn
印　　刷	德富泰（唐山）印务有限公司
经　　销	全国新华书店

开　　本	710mm×1000mm$^1/_{12}$　**印张** 40　**字数** 200 千字
版　　次	2022 年 9 月第 1 版　2022 年 9 月第 1 次印刷
社内编号	20211357　　　　　**定价** 128.00 元（共四册）

目录
CONTENTS

70%

养料

氧气

二氧化碳

zhè yì xué qī de xué yè jiē jìn le wěi shēng hái zi men bù dé bù zhěng tiān fù xí gōng
这一学期的学业接近了尾声，孩子们不得不整天复习功

kè tú shū guǎn jiào shì zhōng shù yīn xià tǐ yù chǎng dào chù dōu shì tóng xué men nǔ lì
课，图书馆、教室中、树荫下、体育场，到处都是同学们努力

de shēn yǐng
的身影。

参观器官

huáng dòu zuò zài cǎo píng shang　pěng zhe shū āi shēng tàn qì　　tā zhèng zài fù xí shēng wù
黄豆坐在草坪上，捧着书唉声叹气。他正在复习生物，

dàn zǒng shì jì bú zhù zhè xiē qì guān de míng zi hé xíng zhuàng　　bǐ jì yī jiě　　sū xiǎo xiao lù
但总是记不住这些器官的名字和形状。"笔记一姐"苏小小路

guò cǎo píng　　jiàn tā qíng xù zhè me dī luò　　hěn xiǎng bāng bang tā
过草坪，见他情绪这么低落，很想帮帮他。

生物课上讲什么?

生物课上主要讲生物学的知识。生物学是研究植物、动物和微生物等生物的结构、功能、发生和发展规律的学科,是自然科学六大基础学科(数学、天文学、地球科学、物理学、化学、生物学)之一。

苏小小将自己的笔记本递给黄豆,黄豆翻看着,还是一头雾水。苏小小发现黄豆不仅记不住各个器官的位置,连形状都常常记反,更别提器官的功能了。团团也来凑热闹,唰唰地记录着小小讲的知识点。对她来说,生物课太抽象了。

谁说的,我们去找奇异博士想办法!

太难了!

胃和肾是什么形状?

生物课太抽象了!

xiǎo xiao jiǎng de kǒu gān shé zào　　dàn shōu xiào shèn wēi　　gāng tī wán zú qiú de wēi
小小讲得口干舌燥，但收效甚微。刚踢完足球的威

wēi lù guò cǎo píng　　yě còu le guò lái　　wēi wei rèn wéi kě yǐ qù zhǎo qí yì bó shì
威路过草坪，也凑了过来。威威认为可以去找奇异博士

xiǎng xiang bàn fǎ　　qí yì bó shì xiǎng qǐ le yí wèi lǎo péng you　　tā rèn wéi zhè wèi péng
想想办法。奇异博士想起了一位老朋友，他认为这位朋

you huò xǔ kě yǐ bāng máng
友或许可以帮忙。

奇异博士开着科学校车载着孩子们来到了一所著名的心脏病医院，他的老朋友是这里的外科医生。医生不在办公室，他刚刚开始一台心脏病手术。"这是心脏！"黄豆看着屏幕惊讶地喊出声来。

qí yì bó shì ná chū shì xiān zhǔn bèi hǎo de shí kōng chuān suō yí　bìng àn zhào
奇异博士拿出事先准备好的时空穿梭仪，并按照

shuō míng shū de cāo zuò yāo qiú àn xià kāi guān àn niǔ　fáng jiān lǐ lì kè chū xiàn le
说明书的操作要求按下开关按钮，房间里立刻出现了

yí gè sàn fā zhe huáng sè guāng máng de qū yù
一个散发着黄色光芒的区域。

欢迎大家来到心脏，器官参观马上开始！

这是哪里？

博士按下"穿梭"键，光区射出了一道强光，一瞬间，所有人从房间内消失了，来到了一片"红海"。"这是哪里？"黄豆有点儿害怕地问。

大家看着彼此身上的无菌服以及周围鲜红的颜色，都有些慌张。这时，奇异博士的声音响起："欢迎大家来到心脏，器官参观马上开始！"

原来，孩子们已经变成了细胞大小，来到病人的心脏内。

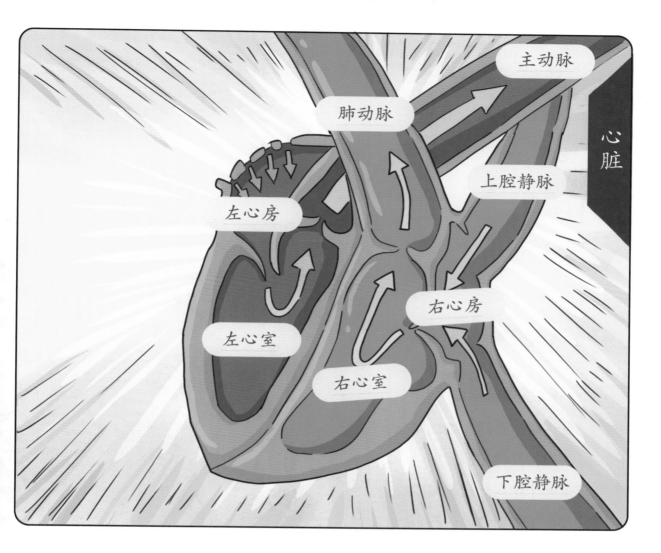

主动脉

肺动脉

上腔静脉

心脏

左心房

右心房

左心室

右心室

下腔静脉

qí yì bó shì dīng zhǔ dà jiā zhù yì duǒ bì shǒu shù dāo   rán hòu jiù dài zhe tóng xué men sì chù
奇异博士叮嘱大家注意躲避手术刀，然后就带着同学们四处

cān guān   xīn zàng nèi wài fēn bù zhe duō tiáo xuè guǎn   tā men shì xīn zàng yǔ qí tā qì guān de lián
参观。心脏内外分布着多条血管，它们是心脏与其他器官的连

jiē tōng dào   qí yì bó shì fā gěi měi wèi tóng xué yí gè cè shì yí   cè liáng xuè yè zhōng de chéng
接通道。奇异博士发给每位同学一个测试仪，测量血液中的成

fèn   tā men xiān lái dào le yí gè jiào zuò   zuǒ xīn fáng   de dì fang   yí qì xiǎn shì zhè lǐ de
分。他们先来到了一个叫作"左心房"的地方，仪器显示这里的

xuè yè fù hán yǎng   xīn xiān de xuè yè shì cóng zuǒ xīn fáng liú jìn lái de   xiǎo xiao shuō
血液富含氧。"新鲜的血液是从左心房流进来的！"小小说。

gēn jù xīn zàng nèi xuè yè liú dòng de dān xiàng xìng　　 jiē xià lái yì xíng rén jiāng cóng zuǒ xīn fáng

根据心脏内血液流动的单向性，接下来一行人将从左心房

piāo liú dào zuǒ xīn shì　　 zài zuǒ xīn fáng hé zuǒ xīn shì de jiāo jiè chù　　 tā men yù dào le yì dǔ

漂流到左心室。在左心房和左心室的交界处，他们遇到了一堵

zhāng chí yǒu lì de　　 dà mén　　 dà mén　 shàng kuān xià zhǎi　　 tóng xué men bì xū yào děng

张弛有力的"大门"。"大门"上宽下窄，同学们必须要等

tā kāi qǐ de shí hou xùn sù piāo liú dào zuǒ xīn shì

它开启的时候迅速漂流到左心室。

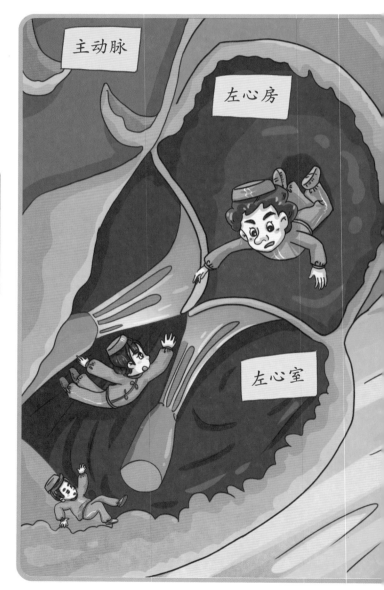

科学大揭秘

　　这堵"大门"被称作二尖瓣，又称左房室瓣，它是一个单向阀门，可以让左心房的血液流入左心室，同时阻止左心室的血液回流。

^{zuǒ xīn shì hěn kuài jǐ mǎn le xuè yè} ^{tóng xué men gǎn jué dào sì hū yǒu yì gǔ qiáng dà de}
左心室很快挤满了血液，同学们感觉到似乎有一股强大的
^{lì liàng jí jiāng bǎ tā men xī chū qù} ^{qí yì bó shì jiàn zhuàng biàn ràng dà jiā shǒu qiān zhe shǒu}
力量即将把他们吸出去。奇异博士见状，便让大家手牵着手，
^{zhuǎn yí dào bié chù}
转移到别处。

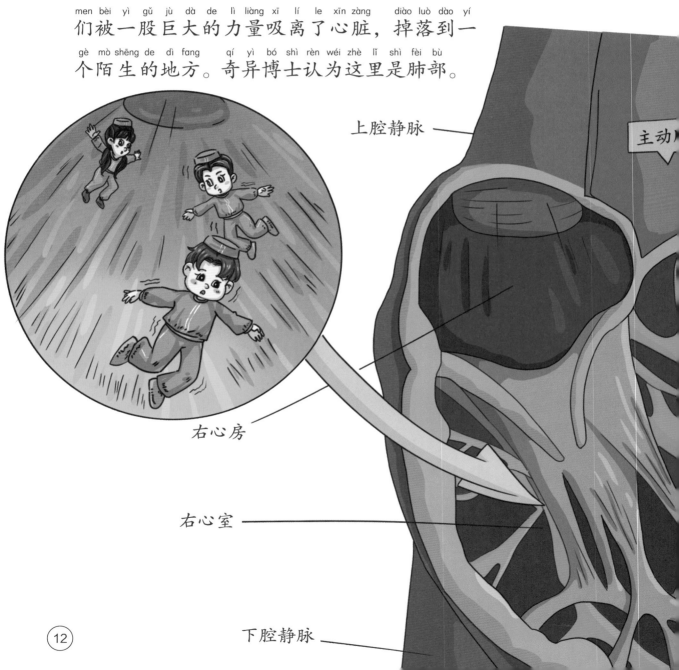

奇异博士带着同学们来到了右心房，紧接着进入右心室。

右心房与右心室的中间也有一扇"大门"，黄豆抢着说："这是右房室瓣。"话音未落，心脏突然剧烈地收缩了一下，同学们被一股巨大的力量吸离了心脏，掉落到一个陌生的地方。奇异博士认为这里是肺部。

上腔静脉

主动

右心房

右心室

下腔静脉

fèi bù hǎo xiàng yí gè dà fáng jiān fēn chéng zuǒ yòu liǎng bù fen zuǒ bian de fáng jiān bèi fēn

肺部好像一个大房间，分成左右两部分。左边的房间被分

chéng liǎng gè xiǎo fáng jiān yòu bian de fáng jiān bèi fēn chéng sān gè xiǎo fáng jiān zhè xiē xiǎo fáng jiān bèi

成两个小房间，右边的房间被分成三个小房间，这些小房间被

chēng wéi fèi yè

称为肺叶。

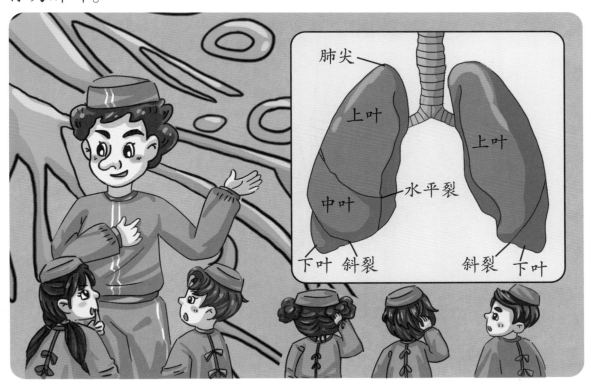

肺尖　上叶　水平裂　中叶　下叶　斜裂　上叶　斜裂　下叶

科学大揭秘

　　肺是人体的呼吸器官，也是人体重要的造血器官，位于胸腔，左右各一，覆盖于心之上。肺有分叶，左二右三，共五叶。作为呼吸器官，肺能吸入氧气，排出二氧化碳。作为造血器官，肺储存了大量造血祖细胞和干细胞。

^{tóng xué men hěn xiǎng lí kāi zhè lǐ} ^{biàn sì chù xún zhǎo chū lù} ^{tā men fā xiàn měi yí gè}

同学们很想离开这里，便四处寻找出路。他们发现每一个

^{fèi pào dōu lián zhe xì xiǎo de guǎn dào} ^{zhè xiē cū xì bù yī de guǎn dào kàn qǐ lái hǎo xiàng yì kē}

肺泡都连着细小的管道，这些粗细不一的管道看起来好像一棵

^{dà shù} ^{qí yì bó shì shuō zhè xiē guǎn dào jiù shì qì guǎn}

大树。奇异博士说这些管道就是气管。

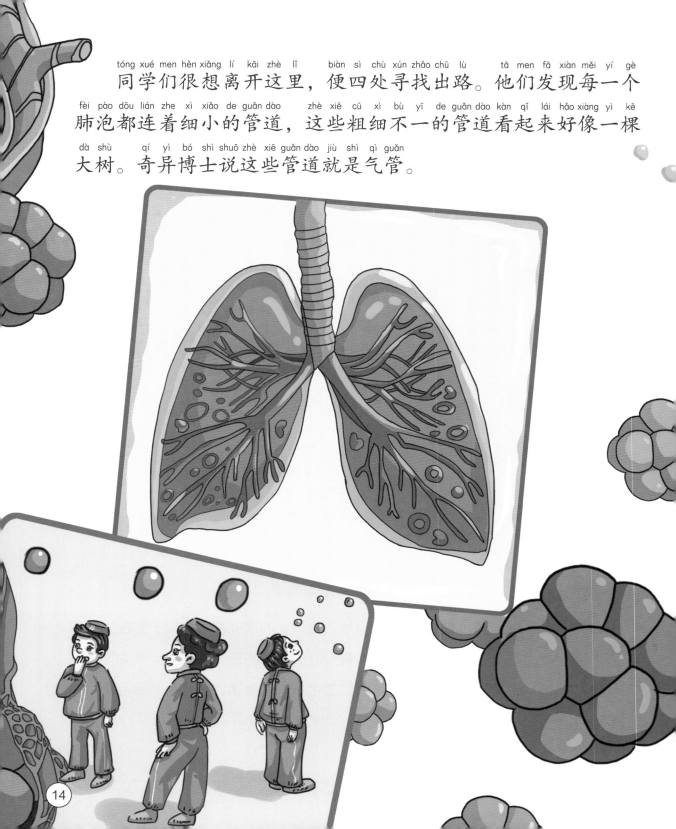

fèi shì wǒ men rén tǐ de kōng qì jìng huà qì
肺是我们人体的空气净化器，

jiāo huàn de chǎng suǒ
交换的场所。

xiǎo pào pao jiù shì wǒ men jìn xíng qì tǐ
小泡泡就是我们进行气体

xī qì shí yǎng qì jìn rù fèi
吸气时，氧气进入肺

bù de xiǎo pào pao zhōng hū qì shí
部的小泡泡中；呼气时，

xiǎo pào pao zhōng de èr yǎng huà tàn bèi
小泡泡中的二氧化碳被

pái chū tǐ wài
排出体外。

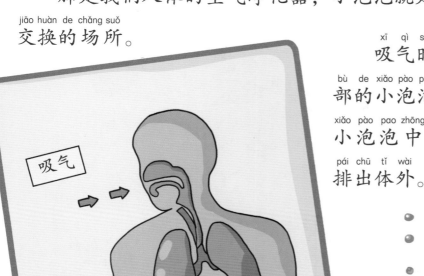

吸气

横膈膜下降

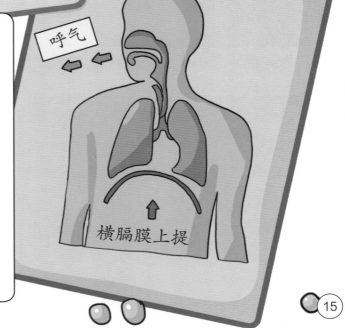

呼气

横膈膜上提

科学大揭秘

气管是呼吸系统的组成
部分，呈管状，上部连接喉
头，下部连接肺。从肺开始
分为左支气管和右支气管。
左右支气管在肺部的小房间
内分为更多的肺叶支气管。

很多动物跟人一样用
肺进行气体交换，但生
活在水中的鱼类却用鳃
呼吸。

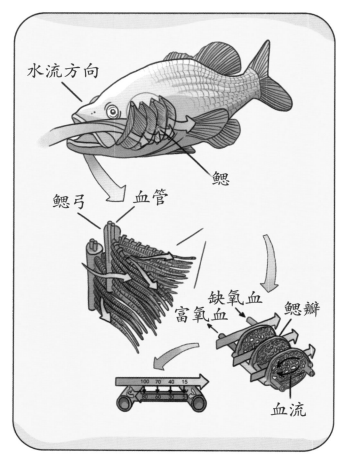

水流方向
鳃
鳃弓　血管
缺氧血　鳃瓣
富氧血
血流

二氧化碳
光照
葡萄糖等
光合作用
水
氧

光照
二氧化碳
＋
水
燃料
氧气

科学大揭秘

　　鳃是鱼类的呼吸器官。鱼在水中时，由于每个鳃片、鳃丝和鳃小片都完全张开，使鳃和水的接触面积扩大，增加了摄取水中所溶解的氧的机会。此外，植物虽然没有呼吸器官，但也时刻在呼吸。

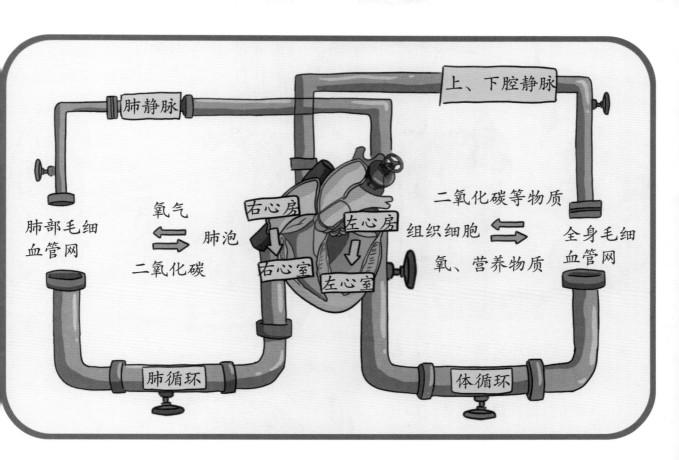

"肺真的是重要的人体器官呢！"黄豆感叹道。

"的确是这样。"小小赞同道，"心脏和肺的管道是互通的，就好像城市的街道。细胞精灵们通过这些通道搬运着氧气和二氧化碳。"

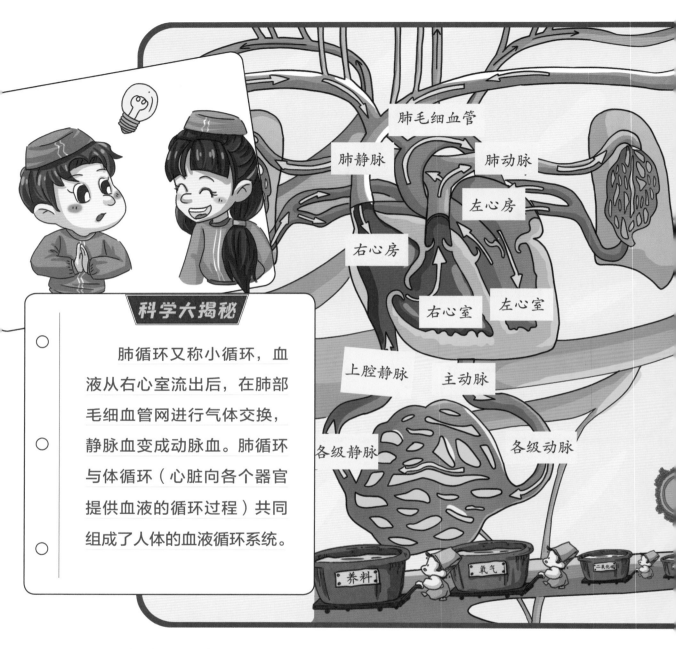

科学大揭秘

肺循环又称小循环，血液从右心室流出后，在肺部毛细血管网进行气体交换，静脉血变成动脉血。肺循环与体循环（心脏向各个器官提供血液的循环过程）共同组成了人体的血液循环系统。

肺毛细血管

肺静脉

肺动脉

左心房

右心房

右心室

左心室

上腔静脉

主动脉

各级静脉

各级动脉

养料

氧气

二氧化碳

奇异博士和同学们顺着这些管道继续漂流。不一会儿，他们就来到了一个熟悉的地方——左心房。"我们从右心室出去，经过肺，又回到了左心房！"这就是肺循环啊。

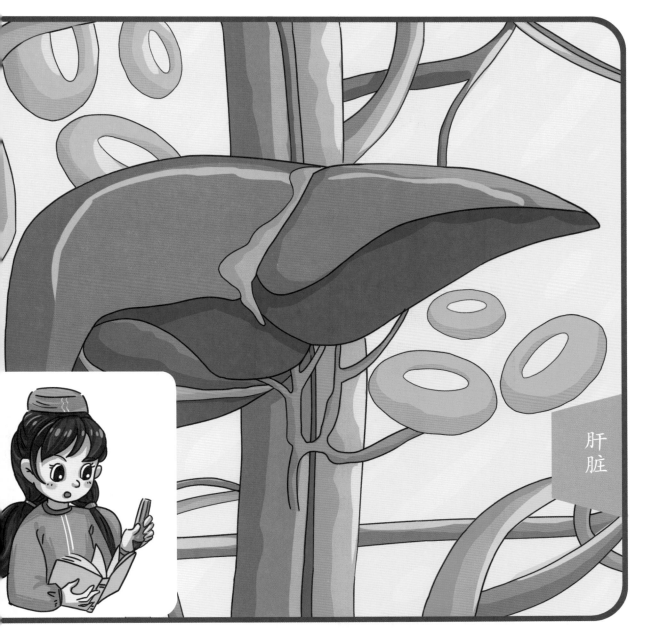

肝脏

tóng xué men jìn rù zuǒ xīn shì hòu fā xiàn lǐ miàn yǒu hěn duō chū kǒu　　　yú shì xuǎn zé le yí
同学们进入左心室后发现里面有很多出口，于是选择了一

gè zuì jìn de lù kǒu zǒu le jìn qù　　zhè lǐ de yán sè shì hè sè de　　xíng zhuàng bù guī zé
个最近的路口走了进去。这里的颜色是褐色的，形状不规则，

yì tóu jiān　　　yì tóu yuán　　yuè wǎng hòu yuè dà　　xiǎo xiao fān kāi bǐ jì běn　　zhǎo dào zhè ge qì
一头尖，一头圆，越往后越大。小小翻开笔记本，找到这个器

guān de míng zi　　　gān zàng
官的名字——肝脏。

tóng xué men guān chá dào　　gān zàng lǐ miàn yě chǔ cún le hěn duō xuè yè　　dāng rén tǐ qì guān chū

同学们观察到，肝脏里面也储存了很多血液。当人体器官出

xiàn quē xuè de qíng kuàng shí　　gān zàng jiù shì yí zuò xuè kù　　jí shí wèi qì guān zhì zào xuè yè

现缺血的情况时，肝脏就是一座血库，及时为器官制造血液。

科学大揭秘

当我们作为胚胎住在妈妈的身体里时，可以分为三个造血期。

中胚叶造血期　当胚胎发育到第 3 周至第 6 周时出现，主要是原始的有核红细胞进行造血。

肝脏造血期　当胚胎发育到第 6 周至第 8 周时，开始肝脏造血，并成为胎儿中期的主要造血部位。

骨髓造血期　当胚胎发育到第 6 周时，骨髓腔发育已初具规模，只是其造血功能在第 4 个月才开始，到第 6 个月后才渐趋稳定，并成为造血的主要器官。

出生后，我们的造血器官以骨髓为主。

骨髓造血：正常情况下，出生后人体的骨髓是唯一产生血液的场所。这时，骨髓分为红骨髓和黄骨髓。

红骨髓

淋巴细胞

干细胞

血小板

白血球　　红血球

淋巴器官造血：在骨髓内，造血干细胞分化出淋巴干细胞，其再分化成T、B淋巴祖细胞，它们也具有造血功能。

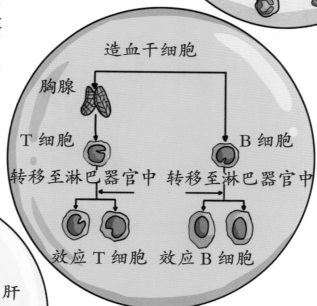

造血干细胞

胸腺

T 细胞　　　　　　　　B 细胞

转移至淋巴器官中　　转移至淋巴器官中

效应 T 细胞　　效应 B 细胞

淋巴结

肝

脾

髓外造血：当我们生病时，肝、脾、淋巴结等组织又会恢复造血功能，称为髓外造血。

初步分解

科学大揭秘

肝脏能分解、合成能量，然后把能量供给其他器官，这种功能叫作肝脏的代谢功能。

再次分解

合成能量

蛋奶

肉

鱼

蔬菜

精细分解

gān zàng fēn mì xiāo huà méi jiāng
肝脏分泌消化酶，将

shí wù fēn jiě chéng dàn bái zhì děng yíng yǎng
食物分解成蛋白质等营养

wù zhì bìng tōng guò xuè yè shū sòng dào
物质，并通过血液输送到

rén tǐ de gè gè qì guān
人体的各个器官。

肝脏不仅能够代谢、分解药物，同时还能够吞噬、隔离和消除外来的和内生的影响人体健康的毒素。

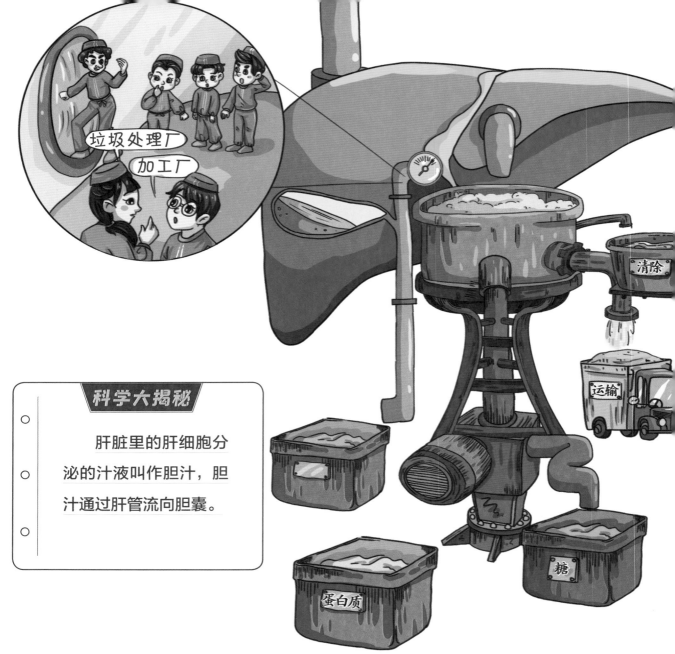

科学大揭秘

肝脏里的肝细胞分泌的汁液叫作胆汁，胆汁通过肝管流向胆囊。

gān zàng xiàng yí gè dà xíng jiā gōng chǎng fù zé jiā gōng shí wù hé zāng dōng xi bìng qiě shēng
肝脏像一个大型加工厂，负责加工食物和脏东西，并且生

chéng yì zhǒng huáng lǜ sè de yè tǐ tōng guò gān zàng yòu xià cè de yì tiáo guǎn dào liú dào qí tā dì
成一种黄绿色的液体，通过肝脏右下侧的一条管道流到其他地

fang dà jiā hào qí de zǒu jìn zhè tiáo guǎn dào kàn dào yí gè xiàng dòu zi yí yàng de qì guān
方。大家好奇地走进这条管道，看到一个像豆子一样的器官。

xiǎo xiao gào su dà jiā zhè ge
小小告诉大家这个
xiǎo qì guān jiào zuò dǎn náng　dǎn náng hěn
小器官叫作胆囊。胆囊很
xiǎo　dàn shì lǐ miàn de guǎn dào yì
小，但是里面的管道一
diǎnr　yě bù shǎo　tā zhǔ yào lián
点儿也不少，它主要连
jiē zhe liǎng gè qì guān　　gān hé
接着两个器官——肝和
xiǎo cháng
小肠。

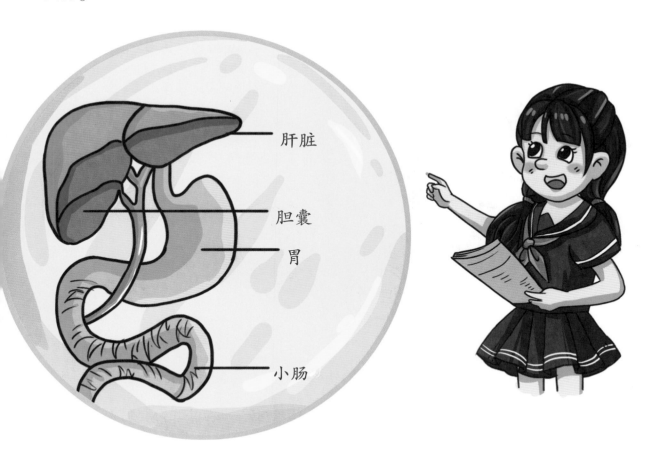

肝脏

胆囊

胃

小肠

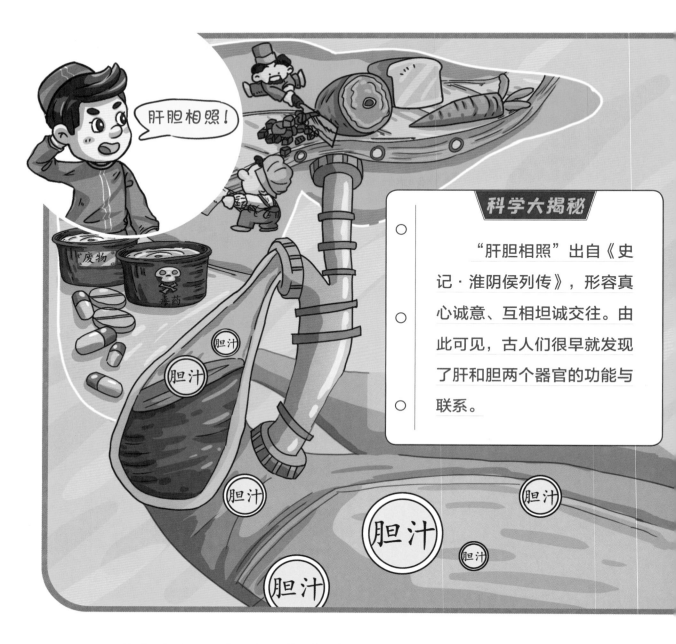

在胆囊中，同学们看到由肝脏产生的胆汁经过胆囊流入到小肠，并在小肠内把带有胆汁的食物、药物和废物分解或吸收。可以说，肝与胆是相通的。

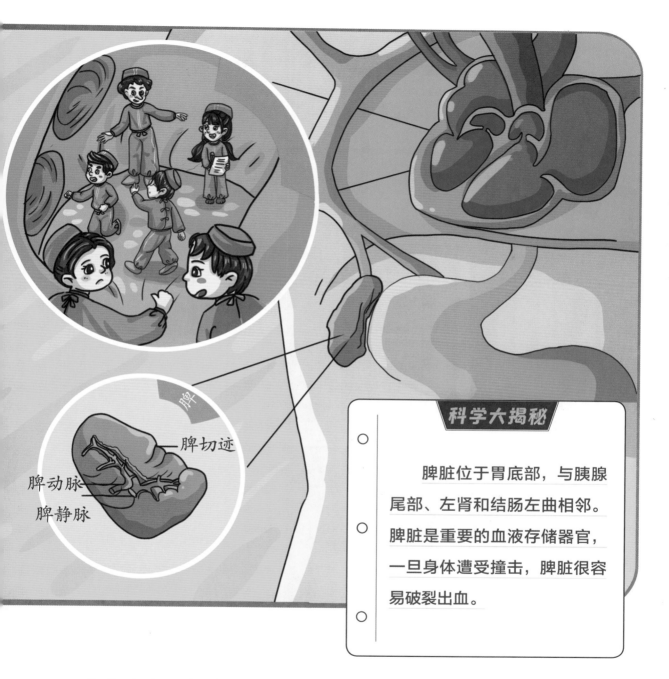

脾

脾切迹

脾动脉
脾静脉

　　脾脏位于胃底部，与胰腺尾部、左肾和结肠左曲相邻。脾脏是重要的血液存储器官，一旦身体遭受撞击，脾脏很容易破裂出血。

dà jiā yán zhe gān zàng de guǎn dào jì xù zǒu　bù yí huìr　jū rán yòu huí dào le zuǒ xīn
大家沿着肝脏的管道继续走，不一会儿居然又回到了左心

shì　zhè cì tā men xuǎn zé le yì tiáo lüè wēi xiá zhǎi de lù　tōng wǎng pí zàng
室。这次他们选择了一条略微狭窄的路，通往脾脏。

^{tóng xué men lái dào pí zàng de nèi bù} ^{kàn dào le yì pái pái de zhù xuè kù} ^{rú guǒ pí}
同学们来到脾脏的内部，看到了一排排的贮血库。如果脾

^{zàng shòu shāng} ^{xuè kù de dà mén bèi zhuàng kāi} ^{rén jiù huì nèi chū xuè}
脏受伤，血库的大门被撞开，人就会内出血。

科学大揭秘

通常，脾脏贮存一些备用血液。当人体需要时，它会为需要的器官输送血液，进而增加人体的血容量。

tóng xué men fā xiàn
同学们发现，
yǒu xiē xì bāo zhàn shì chuān zhe
有些细胞战士穿着
hóng sè de yī fu yǒu xiē
红色的衣服，有些
xì bāo zhàn shì chuān zhe bái sè
细胞战士穿着白色
de yī fu zhè shì zěn me
的衣服，这是怎么
huí shì ne
回事呢？

科学大揭秘

免疫系统的脾脏功能是由红髓和白髓两个部分组成的：红髓负责脾脏的过滤功能，"贮血库"的功能就要归功于它；白髓是由淋巴组织聚合而成的，当外敌入侵时，它们能在第一时间感知到并立即投入战斗。

<ruby>不<rt>bù</rt></ruby><ruby>一<rt>yí</rt></ruby><ruby>会<rt>huìr</rt></ruby><ruby>儿<rt></rt></ruby><ruby>工<rt>gōng</rt></ruby><ruby>夫<rt>fu</rt></ruby>，<ruby>脾<rt>pí</rt></ruby><ruby>脏<rt>zàng</rt></ruby><ruby>内<rt>nèi</rt></ruby>的<ruby>小<rt>xiǎo</rt></ruby><ruby>战<rt>zhàn</rt></ruby><ruby>士<rt>shì</rt></ruby><ruby>们<rt>men</rt></ruby><ruby>就<rt>jiù</rt></ruby><ruby>赢<rt>yíng</rt></ruby><ruby>得<rt>dé</rt></ruby><ruby>了<rt>le</rt></ruby><ruby>战<rt>zhàn</rt></ruby><ruby>争<rt>zhēng</rt></ruby>的<ruby>胜<rt>shèng</rt></ruby><ruby>利<rt>lì</rt></ruby>。<ruby>它<rt>tā</rt></ruby><ruby>们<rt>men</rt></ruby><ruby>看<rt>kàn</rt></ruby><ruby>起<rt>qǐ</rt></ruby><ruby>来<rt>lái</rt></ruby><ruby>有<rt>yǒu</rt></ruby><ruby>些<rt>xiē</rt></ruby><ruby>疲<rt>pí</rt></ruby><ruby>惫<rt>bèi</rt></ruby>，<ruby>但<rt>dàn</rt></ruby><ruby>却<rt>què</rt></ruby><ruby>依<rt>yī</rt></ruby><ruby>然<rt>rán</rt></ruby><ruby>四<rt>sì</rt></ruby><ruby>处<rt>chù</rt></ruby><ruby>巡<rt>xún</rt></ruby><ruby>逻<rt>luó</rt></ruby>，<ruby>因<rt>yīn</rt></ruby><ruby>为<rt>wèi</rt></ruby><ruby>细<rt>xì</rt></ruby><ruby>胞<rt>bāo</rt></ruby><ruby>是<rt>shì</rt></ruby><ruby>不<rt>bù</rt></ruby><ruby>能<rt>néng</rt></ruby><ruby>停<rt>tíng</rt></ruby><ruby>止<rt>zhǐ</rt></ruby><ruby>工<rt>gōng</rt></ruby><ruby>作<rt>zuò</rt></ruby>的！<ruby>同<rt>tóng</rt></ruby><ruby>学<rt>xué</rt></ruby><ruby>们<rt>men</rt></ruby><ruby>不<rt>bù</rt></ruby><ruby>由<rt>yóu</rt></ruby><ruby>得<rt>de</rt></ruby><ruby>心<rt>xīn</rt></ruby><ruby>生<rt>shēng</rt></ruby><ruby>敬<rt>jìng</rt></ruby><ruby>意<rt>yì</rt></ruby>，<ruby>决<rt>jué</rt></ruby><ruby>心<rt>xīn</rt></ruby><ruby>要<rt>yào</rt></ruby><ruby>好<rt>hǎo</rt></ruby><ruby>好<rt>hǎo</rt></ruby><ruby>爱<rt>ài</rt></ruby><ruby>护<rt>hù</rt></ruby><ruby>身<rt>shēn</rt></ruby><ruby>体<rt>tǐ</rt></ruby>。<ruby>参<rt>cān</rt></ruby><ruby>观<rt>guān</rt></ruby><ruby>完<rt>wán</rt></ruby><ruby>脾<rt>pí</rt></ruby><ruby>脏<rt>zàng</rt></ruby>，<ruby>大<rt>dà</rt></ruby><ruby>家<rt>jiā</rt></ruby><ruby>又<rt>yòu</rt></ruby><ruby>回<rt>huí</rt></ruby><ruby>到<rt>dào</rt></ruby><ruby>了<rt>le</rt></ruby><ruby>心<rt>xīn</rt></ruby><ruby>脏<rt>zàng</rt></ruby>。

这次，zhè cì 大家来到了一个外形像两颗蚕豆的器官。这就是肾脏。

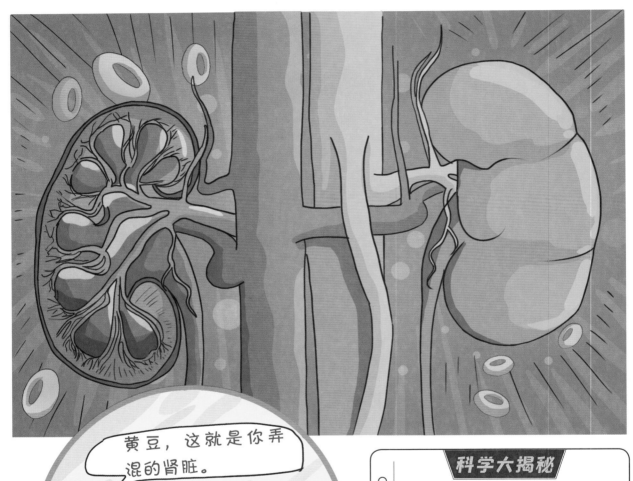

黄豆，这就是你弄混的肾脏。

肾脏：成对的蚕豆状器官，呈红褐色，位于腹膜后脊柱两旁浅窝中，左肾比右肾稍大。

tóng xué men gāng jìn rù shèn zàng　　biàn kàn dào shèn zàng zhōng de　xì bāo zhèng zài shōu jí　yì xiē

同学们刚进入肾脏，便看到肾脏中的细胞正在收集一些

tǐ nèi pái fàng de fèi qì wù zhì　　gōng zuò xì bāo bǎ fèi qì wù zhì zhuāng rù yùn shū chē　　yǒu xù

体内排放的废弃物质。工作细胞把废弃物质装入运输车，有序

de jiāng tā men tóu rù dào jù dà de tiáo jié qì zhōng　　tiáo jié qì chǎn chū jiàn kāng de　xì bāo hé wú

地将它们投入到巨大的调节器中。调节器产出健康的细胞和无

hài wù zhì　　bǎ fèi wù dào rù yí gè jù dà de shuǐ chí zhōng

害物质，把废物倒入一个巨大的水池中。

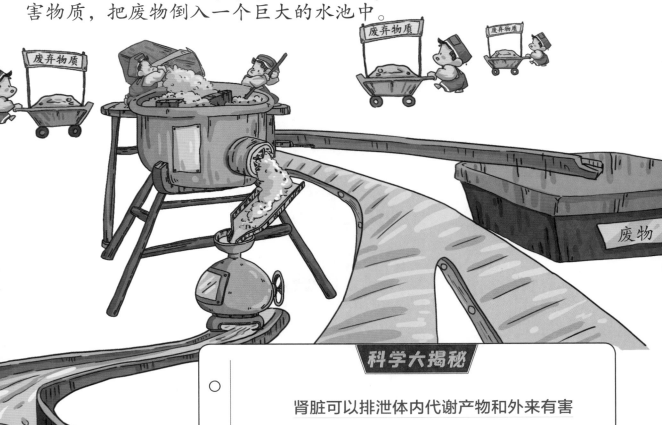

科学大揭秘

　　肾脏可以排泄体内代谢产物和外来有害物质；可以通过生成尿液，维持人体水分平衡；可以调节体内电解质和维持酸碱平衡；可以调节血压；可以促进生成红血细胞和促进维生素 D 的活化。所以肾脏被称为人体的"调节器"。

叮当发现，"水池"旁边连接着一条管道，似乎可以通向别处。同学们沿着管道向前走。不一会儿，大家就看到了一个倒扣的金字塔形状的器官——膀胱。这个器官里存着很多水。

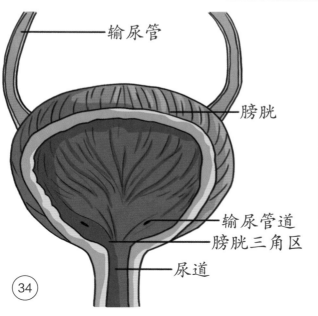

输尿管

膀胱

输尿管道
膀胱三角区

尿道

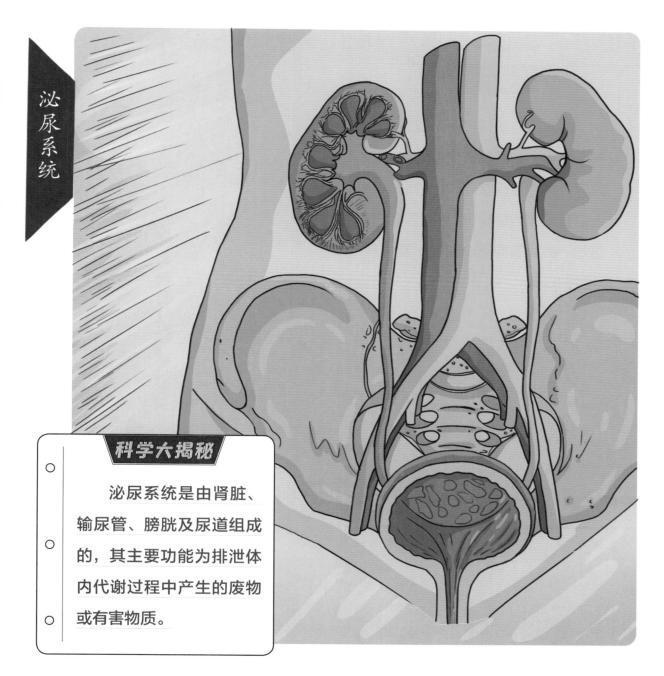

科学大揭秘

泌尿系统是由肾脏、输尿管、膀胱及尿道组成的，其主要功能为排泄体内代谢过程中产生的废物或有害物质。

lián jiē shèn yǔ páng guāng de guǎn dào jiào zuò shū niào guǎn
连接肾与膀胱的管道叫作输尿管，

páng guāng xià miàn hái yǒu yì tiáo xiá zhǎi de
膀胱下面还有一条狭窄的

tōng dào jiào zuò niào dào zhè jǐ gè qì guān lián zài yì qǐ zǔ chéng le rén tǐ de mì niào xì tǒng
通道，叫作尿道。这几个器官连在一起，组成了人体的泌尿系统。

科学大揭秘

血液从心脏通过动脉流入人体各个器官，如肝脏、脾脏、肺、肾脏等，再通过连接动脉和静脉的毛细血管网流到静脉，最终回到心脏。这是一种顺着同一个方向不断循环往复的过程。

思考

推理

判断

运算

抽象脑

学术脑

五感

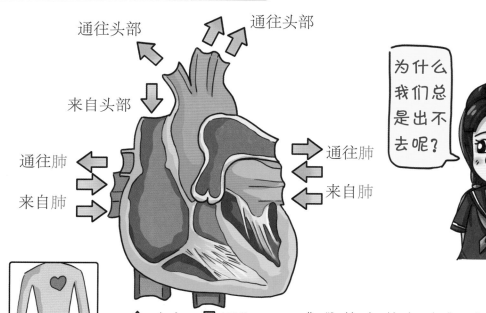

通往头部

通往头部

来自头部

通往肺

来自肺

通往肺

来自肺

来自身体

通往身体

为什么我们总是出不去呢？

dà jiā shùn zhe shèn zàng de lìng yì tiáo guǎn dào jì xù
大家顺着肾脏的另一条管道继续

piāo liú méi xiǎng dào yòu huí dào le shú xi de xīn zàng
漂流，没想到又回到了熟悉的心脏。

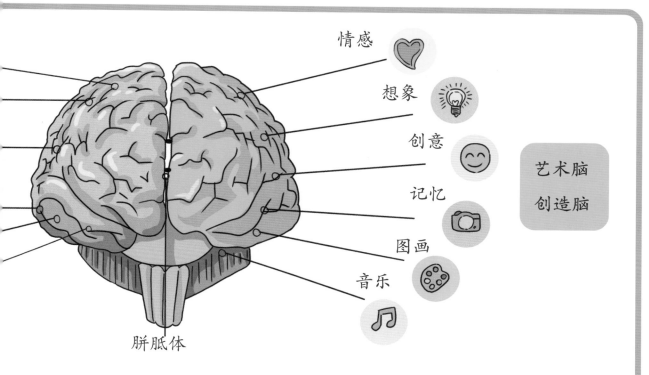

情感

想象

创意

记忆

图画

音乐

艺术脑
创造脑

胼胝体

左脑（理性脑）　右脑（感性脑）

科学大揭秘

人脑是人类中枢神经系统的最重要器官。人脑分为左右两个大脑半球（左脑和右脑），二者由神经纤维构成的胼胝体相连。

xiàn zài qí yì bó shì yào dài tóng xué men qù rén tǐ zhǐ huī bù dà nǎo
现在，奇异博士要带同学们去"人体指挥部"——大脑。

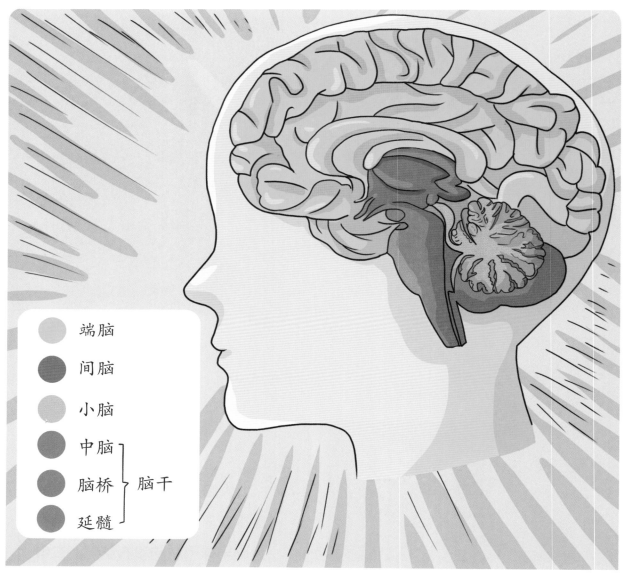

端脑
间脑
小脑
中脑 ⎫
脑桥 ⎬ 脑干
延髓 ⎭

tóng xué men lái dào dà nǎo dà nǎo xiàng yí gè dà hé tao rén hòu miàn yǒu yí gè xiǎo hé
同学们来到大脑，大脑像一个大核桃仁，后面有一个小核

tao rén jiào zuò xiǎo nǎo dà nǎo zhōng jiān hái bāo guǒ zhe yì xiē gèng xiǎo de jiào zuò jiān nǎo
桃仁，叫作小脑。大脑中间还包裹着一些更小的，叫作间脑。

dà nǎo jiān nǎo xiǎo nǎo zhōng jiān yǒu yí gè bù guī zé de zhù zhuàng wù zhī chēng zhè jiù shì
大脑、间脑、小脑中间有一个不规则的柱状物支撑，这就是

nǎo gàn zhè lǐ wān wān qū qū biàn bù hóng gōu shí fēn nán zǒu
脑干。这里弯弯曲曲，遍布鸿沟，十分难走。

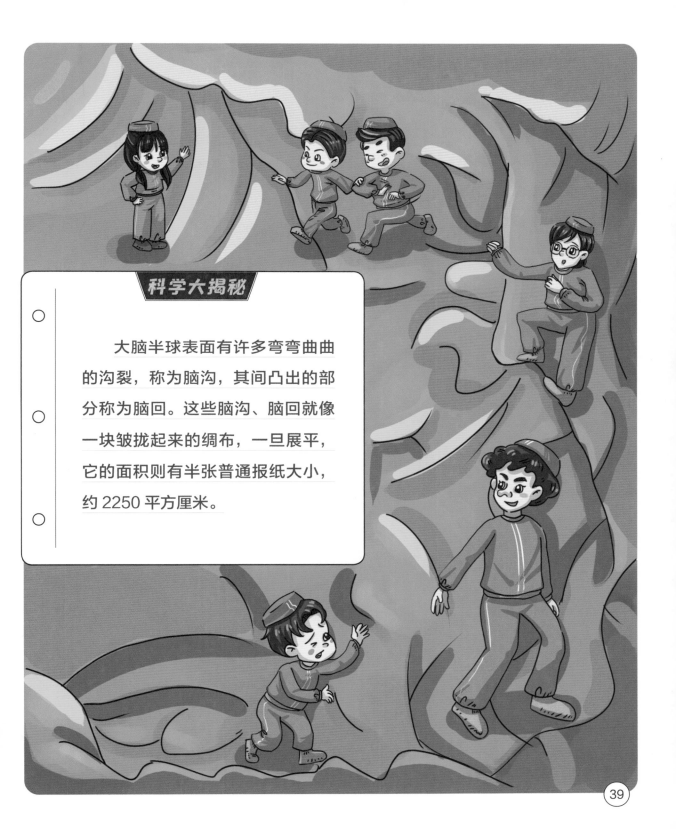

大脑半球表面有许多弯弯曲曲的沟裂，称为脑沟，其间凸出的部分称为脑回。这些脑沟、脑回就像一块皱拢起来的绸布，一旦展平，它的面积则有半张普通报纸大小，约 2250 平方厘米。

脑干是连接脊髓与大脑的枢纽，下端与脊髓相连，上端与大脑相接。人体的重要生理功能，如心跳、呼吸、消化、体温和睡眠等，均与脑干相关。

心跳

呼吸

消化

体温

睡眠

tóng xué men kàn dào nǎo gàn hǎo xiàng yí jià qiáo liáng lián
同学们看到，脑干好像一架桥梁，连
jiē zhe dà nǎo jiān nǎo xiǎo nǎo hé yì xiē gǔ gé qì guān
接着大脑、间脑、小脑和一些骨骼器官。

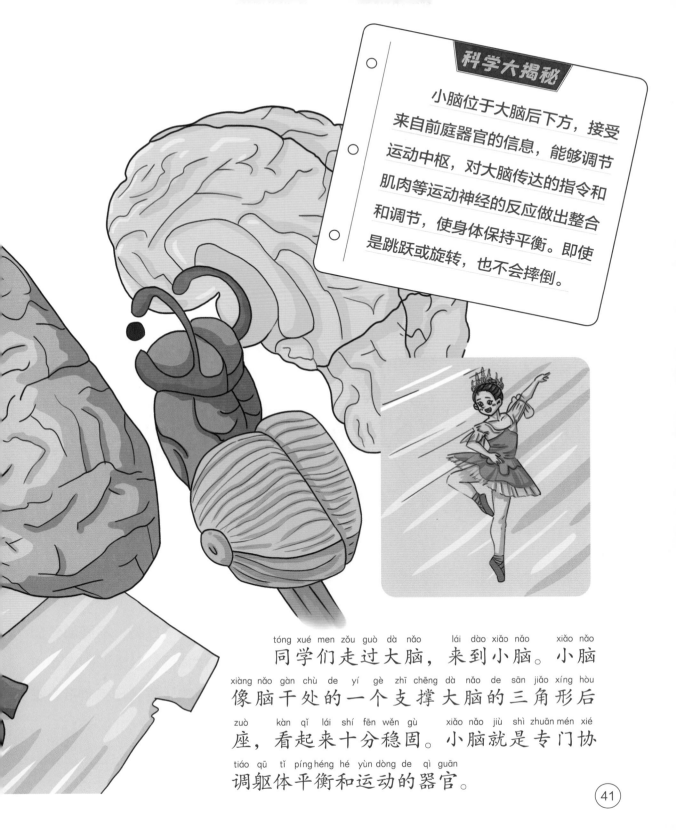

小脑位于大脑后下方，接受来自前庭器官的信息，能够调节运动中枢，对大脑传达的指令和肌肉等运动神经的反应做出整合和调节，使身体保持平衡。即使是跳跃或旋转，也不会摔倒。

tóng xué men zǒu guò dà nǎo　　lái dào xiǎo nǎo　　xiǎo nǎo
同学们走过大脑，来到小脑。小脑

xiàng nǎo gàn chù de yí gè zhī chēng dà nǎo de sān jiǎo xíng hòu
像脑干处的一个支撑大脑的三角形后

zuò　　kàn qǐ lái shí fēn wěn gù　　xiǎo nǎo jiù shì zhuān mén xié
座，看起来十分稳固。小脑就是专门协

tiáo qū tǐ píng héng hé yùn dòng de qì guān
调躯体平衡和运动的器官。

zài dà nǎo hé nǎo gàn zhī jiān hái yǒu yí gè dú lì de qū yù jiān nǎo　zhè lǐ suī rán hěn
在大脑和脑干之间还有一个独立的区域间脑，这里虽然很

xiǎo　dàn jié gòu fù zá　shì nǎo bù chuán dì xìn xī de zhōng shū
小，但结构复杂，是脑部传递信息的中枢。

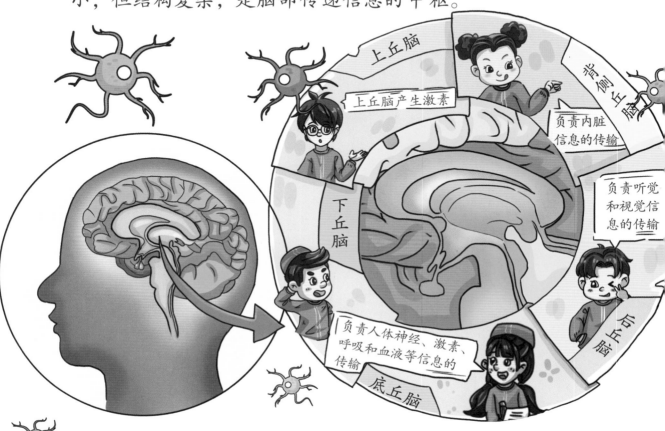

上丘脑

背侧丘脑

上丘脑产生激素

负责内脏信息的传输

负责听觉和视觉信息的传输

下丘脑

负责人体神经、激素、呼吸和血液等信息的传输

后丘脑

底丘脑

科学大揭秘

间脑分为上丘脑、背侧丘脑、后丘脑、底丘脑和下丘脑，不同部分肩负不同的信息传输责任。下丘脑和底丘脑负责人体神经、激素、呼吸和血液等信息的传输。后丘脑负责听觉和视觉信息的传输。背侧丘脑负责内脏信息的传输。上丘脑可以产生激素。

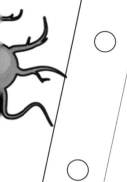

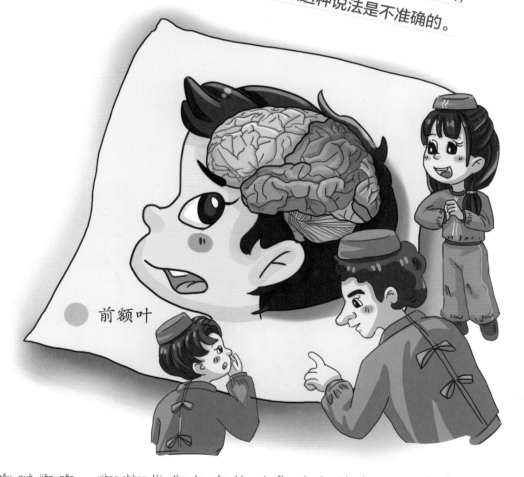

额头大的孩子更聪明吗？

额叶与判断力、专注力、计划性、情感表达、创造力等相关。额叶越发达，人们的这些能力越突出。额叶靠近额头，但额头大不代表额叶一定发达。所以这种说法是不准确的。

前额叶

dà jiā zǒu guò jiān nǎo　　xiàng shàng lái dào le nǎo bù zuì fù zá de jié gòu　　　dà nǎo
大家走过间脑，向上来到了脑部最复杂的结构——大脑。

dà nǎo dà zhì fēn wéi wǔ gè bù fen　　é yè　　niè yè　　dǐng yè　　zhěn yè hé dǎo yè
大脑大致分为五个部分：额叶、颞叶、顶叶、枕叶和岛叶。

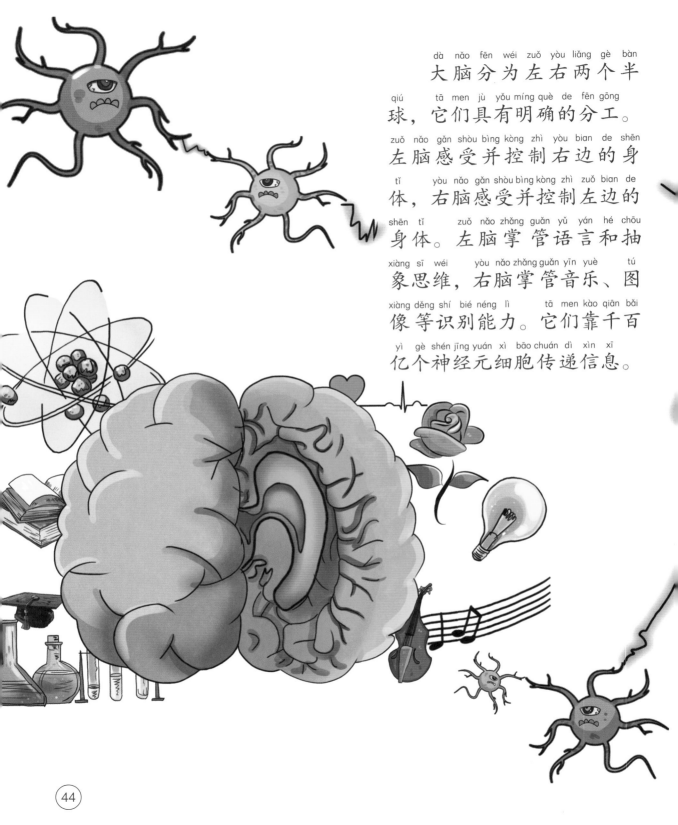

dà nǎo fēn wéi zuǒ yòu liǎng gè bàn
大脑分为左右两个半

qiú tā men jù yǒu míng què de fēn gōng
球，它们具有明确的分工。

zuǒ nǎo gǎn shòu bìng kòng zhì yòu bian de shēn
左脑感受并控制右边的身

tǐ yòu nǎo gǎn shòu bìng kòng zhì zuǒ bian de
体，右脑感受并控制左边的

shēn tǐ zuǒ nǎo zhǎng guǎn yǔ yán hé chōu
身体。左脑掌管语言和抽

xiàng sī wéi yòu nǎo zhǎng guǎn yīn yuè tú
象思维，右脑掌管音乐、图

xiàng děng shí bié néng lì tā men kào qiān bǎi
像等识别能力。它们靠千百

yì gè shén jīng yuán xì bāo chuán dì xìn xī
亿个神经元细胞传递信息。

神经元细胞联结数量的多少决定人是否聪明。

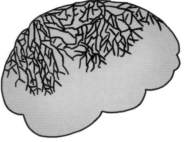

爱因斯坦的
大脑神经元联结面积

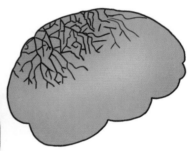

普通人的
大脑神经元联结面积

shén jīng yuán xì bāo xiàng yì kē xiǎo shù　　xiǎo xiǎo de shù zhī cóng xì bāo tǐ xiàng wài yán shēn
神经元细胞像一棵小树，小小的树枝从细胞体向外延伸

de chēng zuò shù tū　　shén jīng tū chù néng gòu sōu xún qí tā de shén jīng tū chù　　bǐ cǐ zhī jiān
的称作树突，神经突触能够搜寻其他的神经突触，彼此之间

jiāo liú hé chuán dì xìn xī　　shén jīng yuán xiàng wài zhǎng chū de shén jīng tū chù yuè duō　　wǒ men de
交流和传递信息。神经元向外长出的神经突触越多，我们的

tóu nǎo jiù yuè líng huó
头脑就越灵活。

cān guān wán
参观完
nǎo bù　　tóng xué
脑部，同学
men shùn zhe xuè guǎn
们顺着血管
huí dào le　 xīn
回到了心
zàng　　 zhè shí
脏。这时，
tóng xué men gǎn shòu
同学们感受
dào le qiáng dà
到了强大
de guāng xiàn
的光线。

科学大揭秘

　　手术无影灯是用来照明手术部位，以便更好地观察切口的医用仪器。仔细观察，你就会发现无影灯是由多个灯泡有序排列而成的，从而将各个阴影处再次照亮，形成没有阴影的大面积光圈。

"我们该出去了。"奇异博士说。大家站到灯光最强处，眨眼之间就回到了医生办公室。

不一会儿，做完手术的医生也回来了。同学们向医生请教问题，收获很大。这真是一堂有趣的生物课！

^{huáng dòu zuì jìn xīn qíng tè bié dī luò} ^{qián liǎng tiān} ^{tā gěi mèi mei hóng dòur} ^{mǎi le yí}
黄豆最近心情特别低落。前两天，他给妹妹红豆儿买了一

^{gè bàngbàng táng} ^{mèi mei kě gāo xìng le} ^{shuí zhī} ^{táng hái méi chī wán} ^{mèi mei jiù yá téng de dà}
个棒棒糖，妹妹可高兴了。谁知，糖还没吃完，妹妹就牙疼得大

^{kū qǐ lái}
哭起来。

特殊任务

科学大揭秘

牙齿是人体最坚硬的器官，具有咀嚼食物、协助发音和保持面部美观的作用。一般来说，幼儿长有 20 颗牙齿，成人长有 28 ~ 32 颗牙齿。

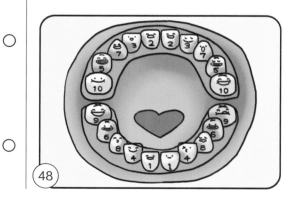

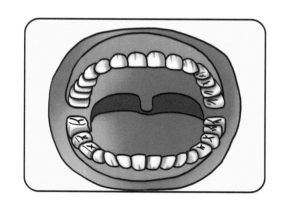

hóng dòur qù kàn le yá yī zhī hòu yá chǐ yǐ jīng méi yǒu nà me téng le dàn tā zài
红豆儿去看了牙医之后，牙齿已经没有那么疼了，但她在

yì zhōu yǐ nèi zhǐ néng chī liú shí zhè ràng huáng dòu jì nèi jiù yòu huǐ hèn
一周以内只能吃流食。这让黄豆既内疚又悔恨。

科学大揭秘

　　虫牙又称龋齿、蛀牙，是一种细菌引起的牙病。我们的牙齿上有很多细菌，食物为它们提供了营养。如果不及时刷牙、漱口，细菌很容易繁殖，进而腐蚀牙齿。

本就瘦弱的红豆儿经过这么一折腾，更加消瘦了。同学们希望能为红豆儿做点什么。热心的奇异博士也十分赞同。大家最终决定，要为红豆儿输送营养。

红豆儿需要补充营养！

博士从下排左边第一个马甲口袋里翻找出几套防护服分发给大家，又在下数第二排的最右边的口袋里翻找出缩小仪和胶囊机。

大家站在缩小仪的蓝光中，瞬间变成了细胞大小。

同学们排队坐上了胶囊机，在红豆儿张嘴时飞了进去。

口腔是消化系统的起始部分，里面有牙齿、舌、唾液腺等器官。

牙齿：牙齿分为门牙、尖牙、前磨牙和磨牙四种，门牙负责切断食物，尖牙支撑嘴唇，前磨牙和磨牙负责磨碎食物。每颗牙齿都由牙冠、牙根和牙颈组成。

舌：舌是进食和说话的重要器官。中医望诊中，观察舌的形态和舌苔变化判断疾病。

唾液腺：口腔内分泌唾液的腺体。口腔中有大、小两种唾液腺。

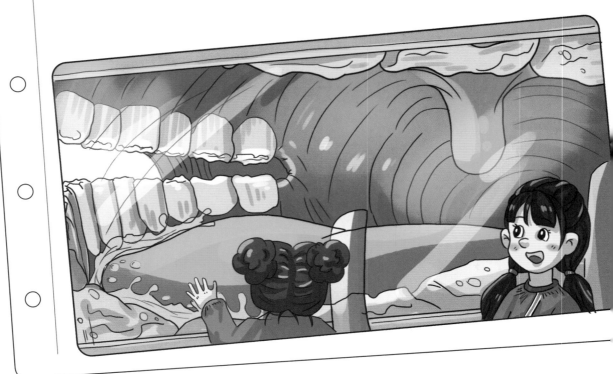

tóng xué men zuò zài jiāo náng jī li　　kàn dào le　yá chǐ　　shé jí qí biǎo miàn de tuò yè
同学们坐在胶囊机里，看到了牙齿、舌及其表面的唾液。

"嗡嗡嗡……"胶囊机发出警报声。原来，细菌趁着红豆儿睡觉时，正在牙缝中野蛮生长。奇异博士忙按下蓝色按钮，从胶囊机的后机箱中伸出一个梯子，几名牙齿小卫兵走了下来。它们带着牙刷和牙膏，奔向了四处躲藏的细菌。

科学大揭秘

早晚刷牙、餐后漱口有利于保护牙齿。口腔中的细菌，需要在某些酶的帮助下提高战斗力，而牙膏中的氟能够抑制这些酶的产生，进而抑制细菌的繁殖，有效预防龋齿。

53

tóng xué men zuò zhe jiāo náng jī chuān guò kǒu qiāng bù jiǔ biàn yù dào le fēn chà lù zhè liǎng
同学们坐着胶囊机穿过口腔，不久便遇到了分岔路。这两

tiáo lù jǐn jǐn āi zhe gāi zǒu nǎ tiáo lù ne
条路紧紧挨着，该走哪条路呢？

食管

气管

科学大揭秘

日常生活中，我们常常将"咽喉"作为一个词使用，事实上，咽和喉是人体的两个不同部位。咽部在喉部上方，分为鼻咽、口咽和喉咽，是呼吸道和消化道上端的共同通道。食物从口腔经口咽进入食管，空气从鼻腔经喉咽进入气管。喉上接喉咽，下连气管。

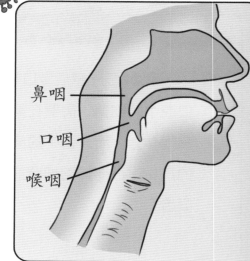

鼻咽

口咽

喉咽

zhè ge xuǎn zé shí fēn zhòng yào jué dìng zhe tóng xué men shì fǒu néng wán chéng yíng yǎng shū sòng de

这个选择十分重要，决定着同学们是否能完成营养输送的

rèn wu qí yì bó shì bù dé bù zhǎo chū dǎo háng yí dìng wèi hóu

任务。奇异博士不得不找出导航仪，定位"喉"。

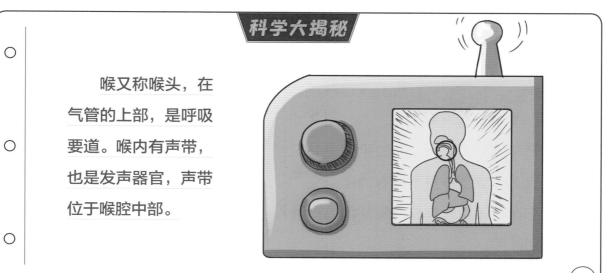

科学大揭秘

喉又称喉头，在气管的上部，是呼吸要道。喉内有声带，也是发声器官，声带位于喉腔中部。

就在胶囊机按照导航的路线行进时，一股巨大的洪流猛冲过来。原来，红豆儿喝了一口水。胶囊机以极快的速度被冲入食道。

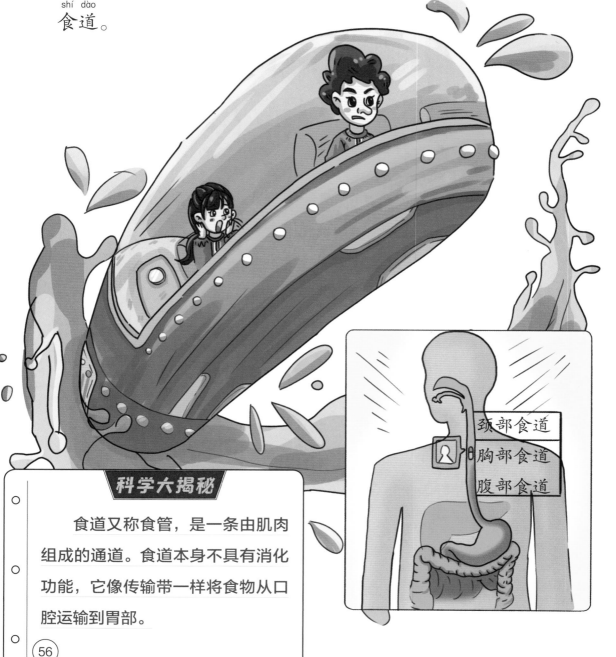

颈部食道
胸部食道
腹部食道

科学大揭秘

食道又称食管，是一条由肌肉组成的通道。食道本身不具有消化功能，它像传输带一样将食物从口腔运输到胃部。

胃是人体重要的消化器官，通常为拳头大小，进食后可以膨大到数十倍。胃由贲门、胃底、胃体和幽门四部分组成，上连接食管，下连接十二指肠。贲门能阻挡食物的回流。

jiāo náng jī shùn zhe shí dào xiàng xià tōng guò yí chù jiào zuò bēn mén de dà mén lái
胶囊机顺着食道向下，通过一处叫作"贲门"的大门，来

dào yí gè kuān chang de kōng jiān
到一个宽敞的空间。

科学大揭秘

　　胃的消化功能主要体现在两方面：一是对食物进行研磨，无论有没有食物，胃都保持约每分钟研磨三次的动作；二是通过持续分泌的胃酸，来溶解食物促进消化。胃酸既不能过多也不能过少，否则会影响身体健康。

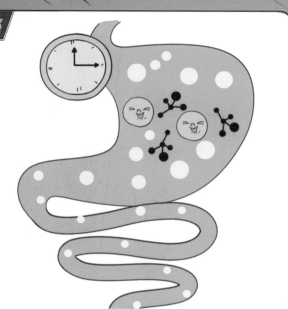

胃液是胃腺分泌物的总称，正常情况下为无色透明液体，胃酸就是胃液分泌出的物质之一，此外还有胃蛋白酶、黏液等。通常情况下，食物进入胃部完全消化吸收约需 2～4 个小时，不同食物的消化吸收时间不同。

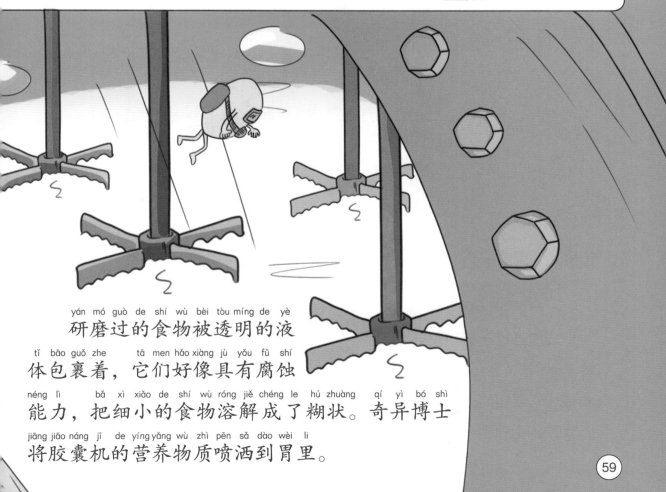

yán mó guò de shí wù bèi tòu míng de yè
研磨过的食物被透明的液

tǐ bāo guǒ zhe　　　tā men hǎo xiàng jù yǒu fǔ shí
体包裹着，它们好像具有腐蚀

néng lì　　bǎ xì xiǎo de shí wù róng jiě chéng le hú zhuàng　　qí yì bó shì
能力，把细小的食物溶解成了糊状。奇异博士

jiāng jiāo náng jī de yíng yǎng wù zhì pēn sǎ dào wèi li
将胶囊机的营养物质喷洒到胃里。

经过胃的初次消化，胶囊机跟随食物糊一起冲出了胃的下出口——幽门，来到了一节"C"形的管道。奇异博士说，这节管道大约是十二根手指横放到一起的长度，所以被称为"十二指肠"。

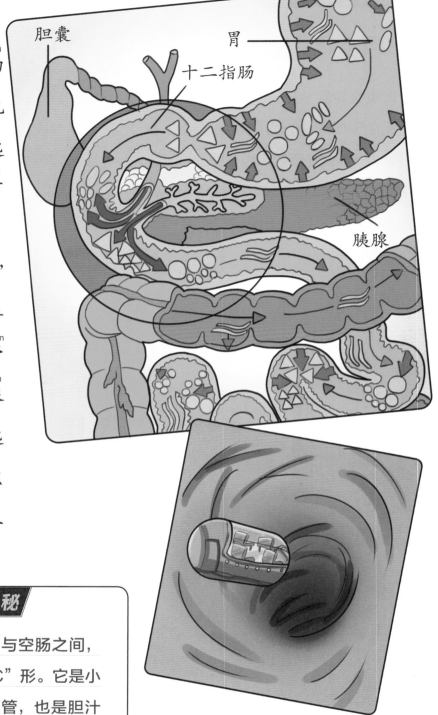

胆囊

胃

十二指肠

胰腺

jiāo náng jī zài shí èr zhǐ cháng zhōng chuān suō   tū rán bèi cóng shàng fāng guǎn dào zhōng pēn chū de
胶囊机在十二指肠中穿梭，突然被从上方管道中喷出的

shuǐ jiāo gè zhèng zháo
水浇个正着。

shì dǎn zài pái dǎn zhī la   qí yì bó shì jiě shì dào
"是胆在排胆汁啦！"奇异博士解释道。

qián fāng hái yǒu yì tiáo guǎn dào   wēi wei shuō
"前方还有一条管道！"威威说。

是胆在排胆汁啦！

科学大揭秘

十二指肠与胆管和胰腺相连。胰腺是人体重要的内、外分泌器官。它在胃与小肠之间，长 14 ~ 18 厘米，宽 2 ~ 3 厘米。胰腺外分泌部分分泌的胰液有消化脂肪、蛋白质和糖类的作用；内分泌部分由分散在胰腺中的胰岛组成，分泌胰岛素和胰高血糖素等，有调节糖代谢的作用。

dí què   nà
的确，那

shì yí gè bù qǐ yǎn
是一个不起眼

de wèi zhì   guǎn dào
的位置，管道

de lìng yì duān lián jiē
的另一端连接

zhe yí xiàn
着胰腺。

胆管

胃

胰腺

十二指肠

在人体健康的情况下，胰腺分泌胰岛素。

我们吃得糖越多，胰岛素就分泌得越多。当胰腺出了问题，不能正常工作的时候，就需要从外界补充胰岛素。

科学大揭秘

糖类是人体的六大基本营养素之一，是身体获得能量的源泉。我们吃的食物中，淀粉和纤维素所含糖分较多，它们经人体消化吸收后转化为血糖，为人体提供能量。但糖的摄入量不能过高，否则会对身体造成危害。

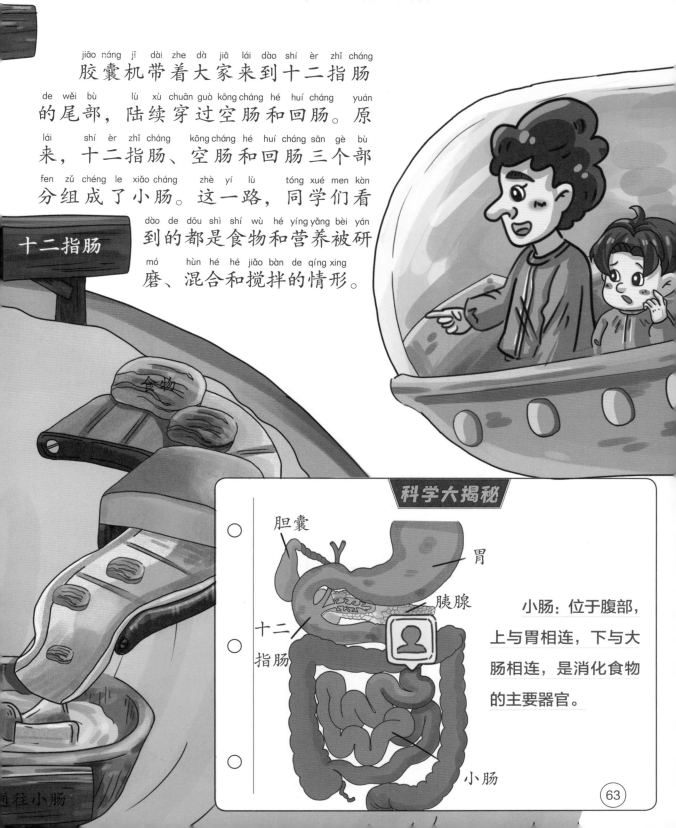

jiāo náng jī dài zhe dà jiā lái dào shí èr zhǐ cháng
胶囊机带着大家来到十二指肠

de wěi bù lù xù chuān guò kōng cháng hé huí cháng yuán
的尾部，陆续穿过空肠和回肠。原

lái shí èr zhǐ cháng kōng cháng hé huí cháng sān gè bù
来，十二指肠、空肠和回肠三个部

fēn zǔ chéng le xiǎo cháng zhè yí lù tóng xué men kàn
分组成了小肠。这一路，同学们看

dào de dōu shì shí wù hé yíng yǎng bèi yán
到的都是食物和营养被研

mó hùn hé hé jiǎo bàn de qíng xing
磨、混合和搅拌的情形。

十二指肠

食物

科学大揭秘

胆囊

胃

胰腺

十二指肠

小肠：位于腹部，上与胃相连，下与大肠相连，是消化食物的主要器官。

小肠

通往小肠

63

胶囊机一边继续前进，一边打开营养播撒口，喷洒着水、无机盐、糖、蛋白质、脂肪等。在小肠中绕行几圈之后，同学们发现管道变得更粗啦。

"欢迎来大肠参观！"胶囊机播报出同学们现在所处的位置。

科学大揭秘

大肠包括盲肠、阑尾、结肠、直肠和肛管等器官，比小肠更加粗壮。

大肠好像一台大型塑形机，吸收着小肠运送来的食物残渣中的水分，将剩下的渣渣压缩成便便的形状。如果这些渣渣停留在大肠中的时间太短，人就会腹泻；如果停留的时间太长，人就会便秘。

科学大揭秘

食物残渣达到一定量的时候，大肠才会启动运输程序——排便。

"咦，那是什么？"拿着望远镜的团团发现小肠和大肠交接处有一个像蚯蚓一样的器官。

"这是阑尾。"奇异博士说。

阑尾是退化的肠道，已经没有了消化功能。不过，它在免疫方面可发挥着不小的作用。

免疫细胞军校

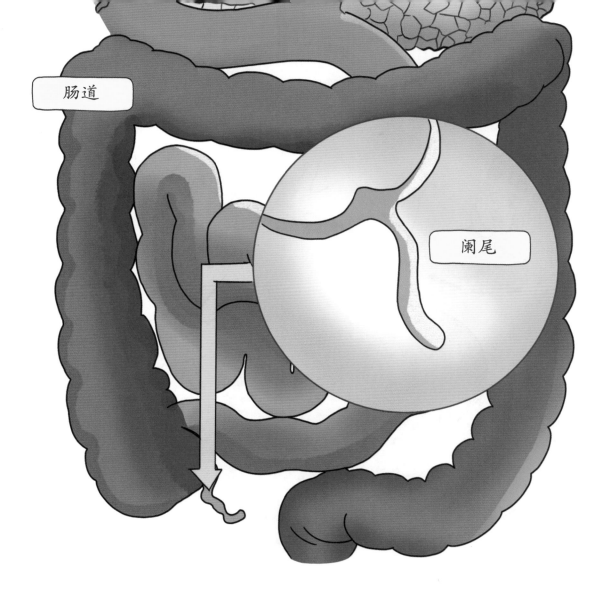

肠道

阑尾

lán wěi bì shang jù yǒu fēng fù de lín bā zǔ zhī　　zhè ràng lán wěi chéng wéi miǎn yì xì bāo
阑尾壁上具有丰富的淋巴组织，这让阑尾成为免疫细胞

de shēng chǎn hé péi xùn jī dì　　rú guǒ shuō miǎn yì xì tǒng shì yì zhī páng dà de jūn duì　　nà me
的生产和培训基地。如果说免疫系统是一支庞大的军队，那么

lán wěi jiù shì yì suǒ péi yǎng zhàn shì de jūn xiào　　bú guò zhè suǒ jūn xiào bìng bú shì yì zhí kāi shè
阑尾就是一所培养战士的军校。不过这所军校并不是一直开设

de　　rén chéng nián yǐ hòu jiù guān bì la
的，人成年以后就关闭啦！

不一会儿，胶囊机带着大家从肠道中飞了出来，直接落入马桶中。

肛管是消化道的最后一个器官，下端的肛门连接外部。肛管的主要功能是排泄粪便，因此在中医中叫作"魄门"，有排出糟粕之意。

消化系统由消化管和消化腺组成。消化管包括口腔、咽、食道、胃、小肠、大肠等部位。

咽

唾液腺　食道

小肠

胃

大肠

阑尾

tóng xué men biàn huí yuán lái dà xiǎo　　cháng xū le yì kǒu qì　　zhè cì　　tā men bù jǐn wán
同学们变回原来大小，长吁了一口气。这次，他们不仅完

chéng le hóng dòur　　de yíng yǎng chuán shū gōng zuò　　hái liǎo jiě le xiāo huà xì tǒng de zhī shi
成了红豆儿的营养传输工作，还了解了消化系统的知识。

同学们回到教室，探讨着奇妙的人体。同学们发现，可以将承担同一类工作的器官组织到一起，让它们成为系统。这样，人体就可以分为八大系统啦！

消化系统

负责食物的摄取、转运和消化。

神经系统

负责人体内外部信息的接收、传递，并调接各器官的活动。

呼吸系统
完成体内和体外的气体交换。

血液循环系统
输送体内营养物质和代谢物。

运动系统
支撑人体、
保护内脏、
完成动作。

内分泌系统
调节人体的
生长、发育、
代谢和生殖。

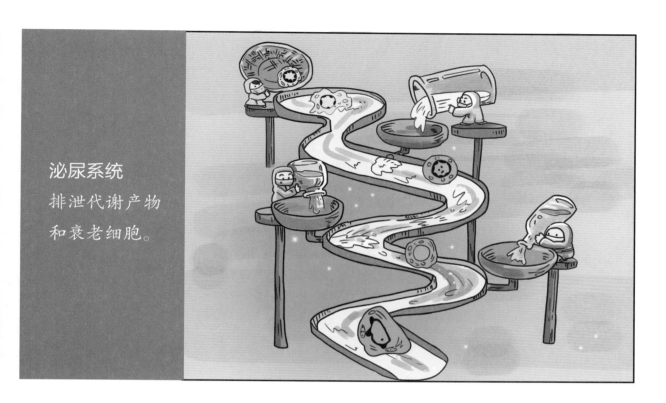

泌尿系统

排泄代谢产物和衰老细胞。

生殖系统

繁衍后代。

细胞大战

一天，同学们正在教室里讨论人体的各个系统，团团突然大叫了起来：

"不好啦，不好啦！我的薯片落在红豆儿的身体里啦！

里啦！"

tuán tuan jí de hàn dōu liú chū lái le　tóng xué men gǎn jǐn qù shí yàn shì zhǎo qí yì
团团急得汗都流出来了。同学们赶紧去实验室找奇异

bó shì
博士。

hǎo zài qí yì bó shì zuì jìn yǒu yí xiàng xīn fā míng　　xì bāo jī qì　　zhè tái jī qì

好在奇异博士最近有一项新发明——细胞机器。这台机器

yǒu diǎnr dà　kàn qǐ lái hǎo xiàng jī chǎng de ān jiǎn jī　tóng xué men zhàn zài jī qì li　zhǎ

有点儿大，看起来好像机场的安检机。同学们站在机器里，眨

yǎn zhī jiān jiù biàn chéng le　xì bāo

眼之间就变成了细胞。

同学们赶紧登上校车。校车在快速行驶一段路程后，突然向上倾斜，飞了起来。

hóng dòur　　zhèng zài chī fàn　　　qí yì bó shì chǒu zhǔn jī huì yí xià zi fēi dào le hóng dòur
红豆儿正在吃饭，奇异博士瞅准机会一下子飞到了红豆儿

de dù zi li　　hěn kuài　xiào chē dǐ dá le hóng dòur　de dù zi li　　tóng xué men zǒu chū xiào
的肚子里。很快，校车抵达了红豆儿的肚子里。同学们走出校

chē　　kàn dào hěn duō xì bāo zhèng zài máng lù de gōng zuò
车，看到很多细胞正在忙碌地工作。

tóng xué men shǒu xiān kàn dào
同学们首先看到
le hěn duō hóng sè de xì bāo
了很多红色的细胞，
tā men zhèng bān yùn zhe yǎng qì
它们正搬运着氧气
pǎo xiàng gè gè qì guān
跑向各个器官。

科学大揭秘

　　人体内约有 40 万亿～ 60 万亿个细胞。人体好像一个结构复杂且不断运转的大机器，这些细胞就是大机器上的零件。它们的正常运转，维持着我们的身体健康。

"请问你见过一袋薯片吗？"小小拦住一个红细胞问。

"没有！"红细胞并没有停下脚步。

同学们向红细胞们打听着薯片的消息，但它们都匆忙地奔向一处。

^{nǐ men yào qù nǎ lǐ} ^{wēi wei rěn bú zhù hào qí de wèn}
"你们要去哪里？"威威忍不住好奇地问。

^{fèi bù} ^{hóng xì bāo huà yīn wèi luò} ^{guǎng chǎng zhōng jiān de jǐng shì shēng xiǎng qǐ}
"肺部。"红细胞话音未落，广场 中间的警示声 响起。

^{bù yí huìr} ^{hěn duō shēn zhuó bái sè zhì fú} ^{shǒu chí gè zhǒng wǔ qì de xì bāo cóng sì miàn bā}
不一会儿，很多身着白色制服、手持各种武器的细胞从四面八

^{fāng yǒng dào guǎng chǎng zhōng jiān}
方涌到广场 中间。

会不会跟我的薯片
有关呢？

"紧急任务，紧急任务！白细胞迅速集合，白细胞迅速集合！"大喇叭中传出威严有力的声音。

"原来它们要去执行任务啦！会不会跟我的薯片有关呢？"团团有些忐忑。

"向肺部出发！"接到命令，白细胞步伐整齐地朝一个方向跑去。同学们紧紧跟在后面。

紧急任务，紧急任务！

白细胞迅速集合，白细胞迅速集合！

目的地

肺

白细胞是人体的卫士，能够自由地穿梭于血管内外，在第一时间赶到病原体所在的位置，消灭、吞噬掉病原体，保持人体健康。当白细胞数量增多时，说明体内某处已经出现了病原体。

kuài yào dǐ dá fèi bù shí bái xì bāo jūn duì zāo dào le bìng yuán tǐ de fú jī jiǎo huá de
快要抵达肺部时，白细胞军队遭到了病原体的伏击。狡猾的

bìng yuán tǐ zhī dào tā men gōng jī fèi bù shí bái xì bāo yí dìng huì shōu dào xiāo xi bìng gǎn lái
病原体知道，它们攻击肺部时，白细胞一定会收到消息，并赶来

zhī yuán
支援。

此时，同学们也加入了战斗。战斗持续了很久，病原体最终败给了训练有素的白细胞们。黄豆的胳膊很酸，威威的腿被病毒踢得有点儿疼，小小和团团成了"小花脸"。

bái xì bāo zhǐ huī guān
白细胞指挥官
mìng lìng yí bù fen bái xì bāo
命令一部分白细胞
liú xià lái dǎ sǎo zhàn chǎng
留下来打扫战场，
jiāng bèi shā sǐ de bìng yuán tǐ
将被杀死的病原体
zhuāng dào chē li yùn sòng dào
装到车里运送到
xiǎo cháng hé shèn zàng　rēng dào
小肠和肾脏，扔到
tǐ wài
体外。

lìng wài yí bù fen bái xì bāo zé
另外一部分白细胞则
jì xù xún luó　sōu xún cán yú bìng
继续巡逻，搜寻残余病
yuán tǐ
原体。

tóng xué men bèi ān pái dào zhuāng yùn bìng yuán tǐ de xiǎo
同学们被安排到装运病原体的小

zǔ　　　tā men yì biān tuī zhe xiǎo chē　　yì biān jì xù dǎ tīng shǔ
组。他们一边推着小车，一边继续打听薯

piàn de xiāo xi　　qián miàn yǒu yì zǔ xì bāo gè zi hěn xiǎo　　shēn
片的消息。前面有一组细胞个子很小，身

tǐ yuán gǔ gǔ de　　shí fēn kě ài　　tā men dài zhe ān quán
体圆鼓鼓的，十分可爱。它们戴着安全

mào　　shǒu chí bù tóng de xiū bǔ gōng jù　　hǎo xiàng shì jiàn zhù gōng
帽，手持不同的修补工具，好像是建筑工

dì de shī gōng rén yuán
地的施工人员。

科学大揭秘

　　细胞体积有大小之分。人体中，最大的细胞是卵细胞，最小的细胞是血小板。同学们遇到的这队可爱的细胞就是血小板。

血小板

红细胞

细胞毒性 T 细胞

嗜碱性粒细胞

白细胞　　　　嗜酸性粒细胞　　　　巨噬细胞

原本在匀速前进的血小板突然加速，似乎接到了什么任务。同学们有些好奇，便把运输车交给其他的白细胞，向血小板的方向跑去。

风越来越大，似乎到达了皮肤的表层。

shǒu bù pí fū pò sǔn　　wǒ men yí dìng yào qí xīn xié lì xiū bǔ hǎo　　xuè xiǎo bǎn

"手部皮肤破损，我们一定要齐心协力修补好！"血小板

zhǐ huī guān yì shēng lìng xià　　dà jiā kāi shǐ gōng zuò　　yǒu de dā tī zi　　yǒu de lā dà wǎng

指挥官一声令下，大家开始工作。有的搭梯子，有的拉大网，

yǒu de zhǐ huī jiāo tōng　　xuè xiǎo bǎn men yǒu tiáo bù wěn de gōng zuò zhe

有的指挥交通，血小板们有条不紊地工作着。

可就在这时，不知从哪里跳出几个杂菌，推倒了血小板已经筑好的防护墙。血小板立刻呼救。

SOS

威威说：“我们现在是距离他们最近的'白细胞'，理应出战！”说来也奇怪，同学们竟然能跳得很高，拳头也充满力量。

血小板的主要功能是凝血和止血，修补破损的血管。当血管受损害或破裂时，血小板受到刺激，会迅速变形，表面黏度增大，凝聚成团。

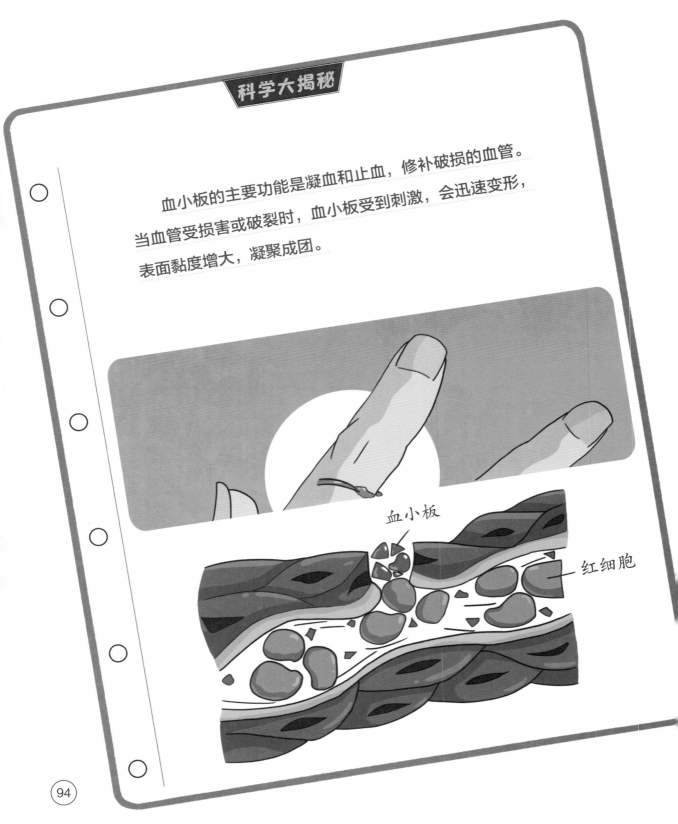

血小板

红细胞

杂菌从破损的皮肤处涌进来，越来越多。奇异博士和同学们逐渐力不从心。就在这时，援军巨噬细胞及时赶了过来。

科学大揭秘

巨噬细胞是白细胞的一种，一般为圆形或椭圆形，具有免疫功能。巨噬细胞是人体的清洁工，能够吞噬细菌、病毒、异物、衰老死亡的机体细胞等。

zài jù shì xì bāo de bāng zhù xià　　tóng xué men hěn kuài gǎn zǒu le zá jūn　　xuè xiǎo bǎn men

在巨噬细胞的帮助下，同学们很快赶走了杂菌。血小板们

jì xù gōng zuò zhe　　zhōng yú xiū fù hǎo le pò sǔn de pí fū

继续工作着，终于修复好了破损的皮肤。

科学大揭秘

皮肤划伤出血，如果处理不当，是非常容易感染的。要使用清水冲洗、碘伏消毒，再用无菌纱布包扎，以避免杂菌通过伤口进入人体。

休息的空当，团团向一个巨噬细胞打听："请问你见过一袋薯片吗？"

巨噬细胞想了想说："我的伙伴们去盲肠工作了，那边似乎有情况，不过不知道是不是你们所说的'薯片怪兽'。"

团团："薯片可不是怪兽！"

肠道

薯片可不是怪兽！

tóng xué men gù bú shàng xiū xi　　gǎn jǐn xiàng máng cháng bèn qù　　tóng xué men yuǎn
同学们顾不上休息，赶紧向盲肠奔去。同学们远

yuǎn de kàn jiàn lín bā xì bāo jiāng yí gè huáng sè de dài zi wéi zài le zhōng jiān
远地看见淋巴细胞将一个黄色的袋子围在了中间。

科学大揭秘

淋巴细胞又称淋巴球，是白细胞的一种。淋巴细胞分为 T 淋巴细胞（T 细胞）、B 淋巴细胞（B 细胞）和自然杀伤细胞（NK 细胞），这些淋巴细胞可以识别并快速消灭病原体，是保卫人体的"特种部队"。

它们看上去十分紧张，就好像围在了一颗定时炸弹的旁边。

"出来了！"随着淋巴细胞队长的一声大喊，一些奇形怪状的细菌从黄色的袋子附近跳了出来。

淋巴细胞们迅速拿起武器准备进攻。

yuán lái shǔ piàn dài zi shang yǒu yì xiē xì jūn tā men zài hóng dòur de tǐ nèi bú duàn

原来，薯片袋子上有一些细菌，它们在红豆儿的体内不断

zhuàng dà fán zhí chū le hěn duō xì jūn

壮大，繁殖出了很多细菌。

tóng xué men gǎn jǐn jiā rù dào zhàn dòu zhōng bì jìng shǔ piàn shì gù yuán yú tuán tuan de cū xīn

同学们赶紧加入到战斗中，毕竟薯片事故缘于团团的粗心。

100

zhè xiē zhāng yá wǔ zhǎo de xì jūn suī rán kàn qǐ lái shí fēn xiōng měng　　dàn gēn běn bú shì qiáng dà de
这些张牙舞爪的细菌虽然看起来十分凶猛，但根本不是强大的

xì bāo de duì shǒu　　bù yí huìr　　　xì jūn jūn tuán jiù bèi quán bù jiān miè　　dà jiā lái dào shǔ piàn
T细胞的对手，不一会儿，细菌军团就被全部歼灭。大家来到薯片

dài zi de páng biān jiǎn chá　　fā xiàn zhōu wéi de dì miàn gǔ qǐ le yí gè dà dà de bái sè nóng bāo
袋子的旁边检查，发现周围的地面鼓起了一个大大的白色脓包。

面对气势汹汹的细菌，众多的白细胞会在大脑的号召下，与细菌殊死搏斗。对于白细胞来说，这些细菌就是香喷喷的米饭。不过白细胞的"饭量"是有限的，如果细菌太多，白细胞就会被"撑死"。我们平常看到的脓液，实际上就是数不清的细菌和白细胞的尸体。

tóng xué men hé bái xì bāo men kuài yào pá dào
同学们和白细胞们快要爬到
nóng bāo dǐng bù le   jiù zài zhè shí   gèng dà yì bō
脓包顶部了。就在这时，更大一波
de xì jūn xí lái   tā men shǒu chí bái sè de jiàn
的细菌袭来，它们手持白色的剑，
tōng tǐ bái sè   bèi jiàn pèng dào de bái xì bāo
通体白色。被剑碰到的白细胞，
yóu rú zhòng le dú   kǒu tǔ bái mò dǎo xià
犹如中了毒，口吐白沫倒下。
kuài chè   tā men shēn shang yǒu dú
"快撤，它们身上有毒！"
qí yì bó shì hǎn dào
奇异博士喊道。

快撤，它们身上有毒！

科学大揭秘

　　化脓性细菌具有一种特殊本领：被白细胞吞噬时会分泌一种毒素，毒死白细胞。一旦身体被化脓性细菌入侵，后果将十分严重。手指上的一个脓包，就有可能引发整个手掌的溃烂。因此，医生不得不对长了脓疮的部位进行截肢。

"空调脓疮"

每到夏天，一些脸上或身上长满脓疮的人会去医院就诊，这是怎么回事呢？

原来，室外的高温使人们的毛孔打开，进入凉爽的空调房后，毛孔骤然收缩，将大量的细菌和体垢吸入皮下脂肪。细菌入侵皮下组织，产生脓液，刺激得皮肤瘙痒难耐。此时如果抓挠，脓疮随之散开，就会变成可怕的皮肤病！

奇异博士和同学们终于甩开了那些"剧毒分子"。奇异博士一边喘着粗气，一边思考对策。

"有了！对待这样的破坏分子，就要连根拔起！"

奇异博士翻出一把手术刀，将脓包基地连根切除。

在奇异博士和同学们的帮助下，化脓性细菌终于被全部消灭了。白细胞们感谢的话还没说出口，广场的中间又一次响起了警报。

这次的集合地点，就在他们所在的小肠。没等大家反应过来，一个又长又大的白色怪物像蛇一样直奔大家而来。

病"虫"口入

蛔虫又称似蚓蛔线虫，成虫寄生在小肠里，最大时体长二三十厘米。蛔虫卵通过食物进入人体，并在小肠内孵出幼虫，幼虫穿破肠道壁，进入血液。

蛔虫。

它，它是什么？

tā tā shì shén me
"它，它是什么？"
huáng dòu bèi xià shǎ le
黄豆被吓傻了。
huí chóng
"蛔虫。"
wēi wei zhǎn dīng jié tiě
威威斩钉截铁
de shuō
地说。

107

tóng xué men yǐ wéi zhè zhī bái xì bāo jūn tuán yí dìng huì

同学们以为这支白细胞军团一定会

jì xù zhàn dòu　　shuí zhī tā men jìng rán bù tíng de wǎng hòu

继续战斗，谁知它们竟然不停地往后

tuì　　yǎn kàn zhe dà guài wu jiù yào zǒu dào tóng xué men de miàn

退。眼看着大怪物就要走到同学们的面

qián　　yì qún qiǎn hóng sè de xì bāo jūn tuán jí shí chū xiàn

前，一群浅红色的细胞军团及时出现，

dǎng zài le tā men de miàn qián

挡在了他们的面前。

别怕，可爱的同学们，我们是嗜酸性粒细胞！

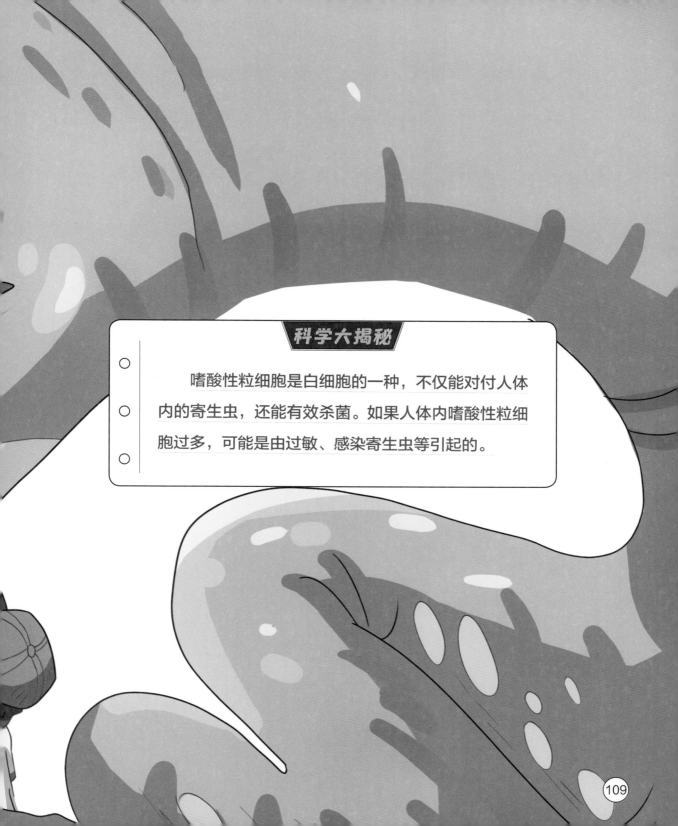

科学大揭秘

　　嗜酸性粒细胞是白细胞的一种，不仅能对付人体内的寄生虫，还能有效杀菌。如果人体内嗜酸性粒细胞过多，可能是由过敏、感染寄生虫等引起的。

只见嗜酸性粒细胞将蛔虫紧紧包围住，随即释放出一种剧毒。蛔虫痛苦地扭动着身体，不一会儿就躺在地上不动了。

^{shì suān xìng lì xì bāo qīng ér yì jǔ de zhì fú le qiáng dà de dí rén dà jiā bù jīn wèi}
嗜酸性粒细胞轻而易举地制服了强大的敌人，大家不禁为

^{tā gǔ zhǎng shì suān xìng lì xì bāo duì tóng xué men shuō wǒ men xì bāo de gōng zuò shì fēi cháng}
它鼓掌。嗜酸性粒细胞对同学们说："我们细胞的工作是非常

^{zhuān yè de dà jiā fēn gōng míng què měi yì zhǒng xì bāo dōu yǒu zì jǐ de zhuān zhí gōng zuò}
专业的，大家分工明确，每一种细胞都有自己的专职工作。"

叮当问："有酸就有碱，那是不是还有嗜碱性粒细胞？"

嗜酸性粒细胞瞪圆了眼睛，惊讶地说："你认识我的妹妹？

我都很久没见过她了。"

你认识我的妹妹？
我都很久没见过她了。

有酸就有碱，
那是不是还有
嗜碱性粒细胞？

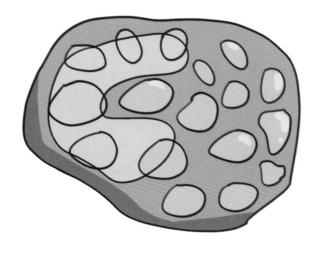

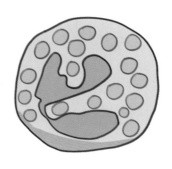

嗜酸性粒细胞　　　　　　　　　　嗜碱性粒细胞

科学大揭秘

　　嗜碱性粒细胞是白细胞的一种，呈紫红色，内核中含少量粗大的、不规则排列的黑色粒子。这种细胞在人体中的含量非常少，它的变化常与过敏、血液病等有关。它与嗜酸性粒细胞是一对相互制衡的姐妹，它们在人体内始终保持相对稳定的数量。

嗜酸性粒细胞告诉同学们，它的妹妹嗜碱性粒细胞总喜欢跟肥大细胞在一起，它们是并肩作战的好朋友。

科学大揭秘

肥大细胞是一种粒细胞。当体内出现过敏物质时，肥大细胞与嗜碱性粒细胞共同将其吞噬。

过敏物质

同学们发现，人体内的细胞各种各样，不仅长得千差万别，功能也完全不同。

科学大揭秘

按照所属器官，细胞可分为肝脏细胞、肾脏细胞等。

按照细胞器的构成，细胞可分为有核细胞和无核细胞。

按照外部形态，细胞可分成扁平细胞、柱状细胞等。

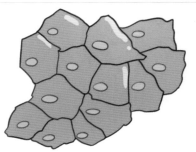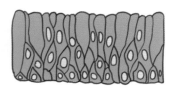

现在，同学们已经成功地找到了团团遗失的薯片，并将它与脓疮一起运送至小肠，不久后它将被排出体外。在这个过程中，他们认识了很多细胞伙伴，被它们敬业、勇敢的态度所感染。到了该道别的时候，双方都很不舍。

qí yì bó shì cóng mǎ jiǎ de kǒu dai zhōng qǔ chū shí kōng yí， zhè cì tā men zhí jiē huí dào
奇异博士从马甲的口袋中取出时空仪，这次他们直接回到

jiào shì， biàn huí le yuán lái de dà xiǎo。 tōng guò zhè cì qí miào de rén tǐ zhī lǚ， tóng xué men liǎo
教室，变回了原来的大小。通过这次奇妙的人体之旅，同学们了

jiě le rén tǐ gòu zào， yě gèng dǒng de ài hù shēn tǐ le。
解了人体构造，也更懂得爱护身体了。

想一想

1. 你能说出三个人体器官以及它们的功能吗？

2. 你知道人体最硬的器官是什么吗？

3. 你知道阑尾有什么作用吗？

4. 红细胞和白细胞各有什么功能和特点呢？

5. 你知道细胞有哪些分类标准吗？